文書處理 Word **2019** 一切搞定

目錄

Chapter 01 Word 2019 入門導覽

☆ 認識使用者介面 1-2
☆ 自訂快速存取工具列 1-8
☆ 檔案管理 1-10
☆ 分段與分行 1-16
☆ 文字範圍選取 1-16
☆ 操作說明與搜尋 1-18
☆ 課後練習 1-20

Chapter 02 製作志工招募公告

☆ 設定基本字元格式 2-2
☆ 設定段落格式 - 項目符號 2-3
☆ 複製格式 2-5
☆ 插入圖示與格式設定 2-6
☆ 設定字元格式 - 下移 2-8
☆ 設定段落格式 - 定位點 2-10
☆ 文字效果與印刷樣式 2-11
☆ 插入圖片與格式設定 2-12
☆ 產生頁面框線 2-14
☆ 課後練習 2-16

Chapter 03 社區大學選課報名表

☆ 插入表格 3-2
☆ 合併與分割儲存格 3-3
☆ 新增列 3-5
☆ 輸入內容並微調欄寬 3-6
☆ 插入符號 3-8
☆ 分割表格與套用表格樣式 3-10
☆ 設定表格框線與網底 3-11
☆ 儲存格的對齊 3-13
☆ 調整紙張大小 3-15
☆ 課後練習 3-18

Chapter 04 使用範本產生精美 DM

- ☆ 使用範本 4-2
- ☆ 修改文字內容 4-4
- ☆ 插入線上圖片 4-5
- ☆ 調整表格位置 4-7
- ☆ 變更佈景主題色彩 4-10
- ☆ 檢視文件資訊 4-10
- ☆ 課後練習 4-14

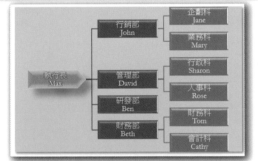

Chapter 05 以 SmartArt 繪製組織圖

- ☆ 認識繪圖畫布 5-2
- ☆ 建立組織圖 5-4
- ☆ 編修組織圖 5-7
- ☆ 改變整體外觀 5-11
- ☆ 個別圖案的格式化 5-13
- ☆ 課後練習 5-16

Chapter 06 自製廣告 DM

- ☆ 產生文字藝術師 6-2
- ☆ 插入圖片並裁剪 6-4
- ☆ 影像的去背處理 6-6
- ☆ 編輯文字區端點 6-7
- ☆ 插入圖片與格式設定 6-9
- ☆ 物件的對齊與群組 6-11
- ☆ 指定頁面色彩 6-13
- ☆ 列印選項的設定 6-15
- ☆ 轉存為 PDF 6-16
- ☆ 課後練習 6-18

目錄

Chapter 07 多欄式版面的設計

- ☆ 插入文字檔 7-2
- ☆ 設定段落網底 7-3
- ☆ 設定字元框線 7-5
- ☆ 建立多欄式版面 7-7
- ☆ 設定欄分隔線 7-9
- ☆ 產生浮水印 7-11
- ☆ 調整版面邊界 7-12
- ☆ 課後練習 7-14

Chapter 08 合併列印研習證書

- ☆ 合併列印的三部曲 8-2
- ☆ 合併列印信件 8-3
- ☆ 合併列印郵寄標籤 8-10
- ☆ 課後練習 8-16

Chapter 09 製作專題報告

- ☆ 建立樣式 9-2
- ☆ 套用樣式 9-5
- ☆ 插入封面頁 9-6
- ☆ 頁首與頁尾 9-9
- ☆ 插入分頁 9-11
- ☆ 插入超連結 9-12
- ☆ 產生目錄 9-14
- ☆ 儲存至雲端空間 OneDrive 9-18
- ☆ 課後練習 9-22

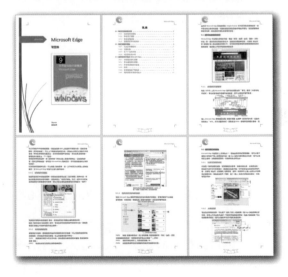

線上下載 │ 本書範例檔請至 http://books.gotop.com.tw/download/AEI008200
下載，檔案為 ZIP 格式，請讀者自行解壓縮即可。

其內容僅供合法持有本書的讀者使用，未經授權不得抄襲、轉載或
任意散佈。

Check

Word 2019

入門導覽

- ☆ 認識使用者介面
- ☆ 自訂快速存取工具列
- ☆ 檔案管理
- ☆ 分段與分行
- ☆ 文字範圍選取
- ☆ 操作說明與搜尋

Word 2019 延續了簡潔設計的理念，讓使用者能更專注於文件內容的編輯。許多介面的改良是為了順應平板裝置的使用，以及搭配 Windows 11（或 10）作業系統。不管您是否使用觸控裝置，都應該親身體驗 Word 2019 這個全新升級的生產力工具！

認識使用者介面

請依照啟動 Office 應用程式的方式，啟動 Word 2019。下圖是介面中各項元件的圖解說明，為了說明方便，先開啟一份範例文件 (01_ 新功能簡介 .docx)。

1 快速存取工具列
2 標題列－顯示檔案名稱
3 索引標籤
4 登入微軟帳戶
5 功能區顯示選項
6 視窗控制鈕
7 功能區
8 功能區群組
9 功能區指令
10 操作說明搜尋
11 對話方塊啟動器
12 摺疊功能區鈕
13 導覽工作窗格
14 定位點按鈕
15 尺規
16 文件編輯區
17 迷你工具列
18 快顯功能表
19 文件邊界標記
20 狀態列
21 檢視模式切換鈕
22 調整顯示比例

❖ 功能區：Word 中的動作指令都收放在這種「圖形化」的功能表中，使用者可以快速找到所需的功能。功能區 預設位置是在工作區域的頂端，快按二下任意 索引標籤 或按下 摺疊功能區鈕（快速鍵為 Ctrl + F1），可以將功能區隱藏，以便顯示更多工作空間；再執行一次即可將其展開。

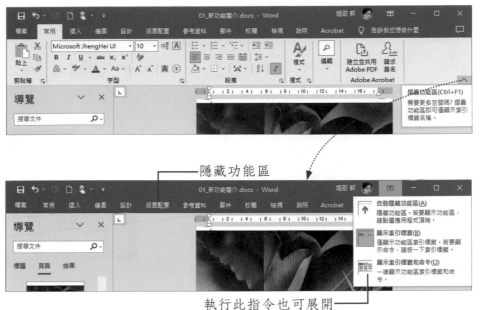

── 隱藏功能區

── 執行此指令也可展開

❖ 索引標籤：功能區 中有不同工作類別的 索引標籤，可以視工作上的需要使用滑鼠點選各標籤名稱，切換顯示不同的功能區與功能區群組指令。

── 插入 > 圖例功能區群組

── 檢視 > 檢視功能區群組

小叮嚀

如果電腦中有安裝 Adobe Acrobat 產品時，會自動出現 Acrobat 索引標籤，可執行 檔案 > 選項指令，在 自訂功能區 選項中取消該索引標籤的顯示。

❖ 關聯式索引標籤：除了常駐在 功能區 內的 索引標籤 之外，**Word** 也會隨著不同的編輯狀態，出現對應的 關聯式索引標籤。例如：點選文件編輯區中的「圖片」，會顯示 圖片工具 的關聯式索引標籤，取消選取圖片後即會自動消失。

關聯式索引標籤

點選圖片

❖ 「檔案」索引標籤：檔案 索引標籤以 後台檢視 (Backstage View) 分成左、中、右三欄，只要按下滑鼠即可輕鬆新增、開啟、儲存、關閉、列印、共用及匯出文件，或進行與應用程式有關的選項及帳戶設定。

返回文件

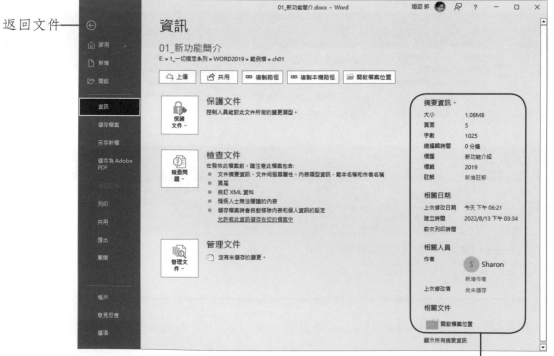

顯示編輯中文件的相關資訊

小叮嚀

點選 檔案 索引標籤之後，按 返回 鈕返回文件，或是按 Esc 鍵離開後台檢視。

❖ 對話方塊啟動器 ⤵：若執行功能區群組中包含「下拉箭頭」⤵ 的指令，會出現對應的子功能表，顯示相關的指令；某些指令字串右側會顯示「⋯」省略符號，表示執行後會開啟對應的對話方塊或工作窗格。

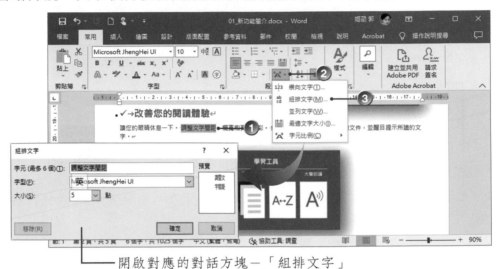

開啟對應的對話方塊－「組排文字」

如果按下 功能區群組 名稱右側的 對話方塊啟動器 ⤵ 鈕，也可以開啟相關對話方塊或工作窗格，讓使用者做進一步的設定。

按下「樣式」功能區群組的「對話方塊啟動器」鈕

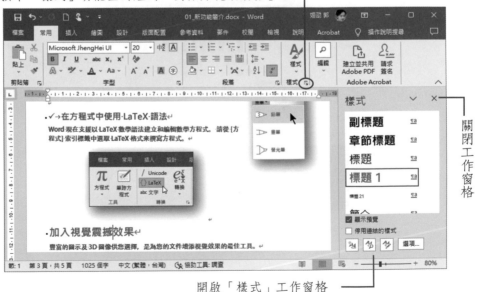

開啟「樣式」工作窗格

❖ 快速存取工具列：預設會位於 功能區 左上角，其中收納了常用的功能區指令，例如：儲存檔案、復原 與 重做。點選 自訂快速存取工具 ▾ 鈕，可以從清單中選擇所要顯示的預設指令，視需要也可以自訂快速存取工具列的內容 (請參考 1-8 頁)。

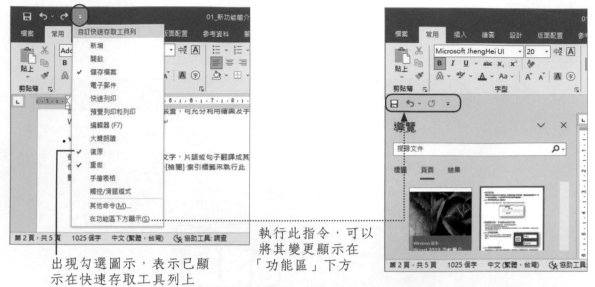

出現勾選圖示，表示已顯示在快速存取工具列上

執行此指令，可以將其變更顯示在「功能區」下方

❖ 迷你工具列：當你選取某一文字範圍時，選取範圍上方就會立即浮現 迷你工具列 (也可以稱為 浮動工具列)，協助你快速設定文字格式。

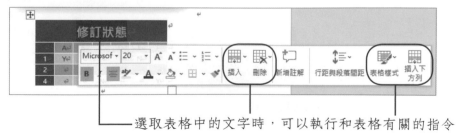

選取表格中的文字時，可以執行和表格有關的指令

小叮嚀

在 Office 中，有些指令可以使用「快速鍵」；當你選取目標後按一下滑鼠右鍵，則會顯示「快顯功能表」。

工具提示與顯示快速鍵

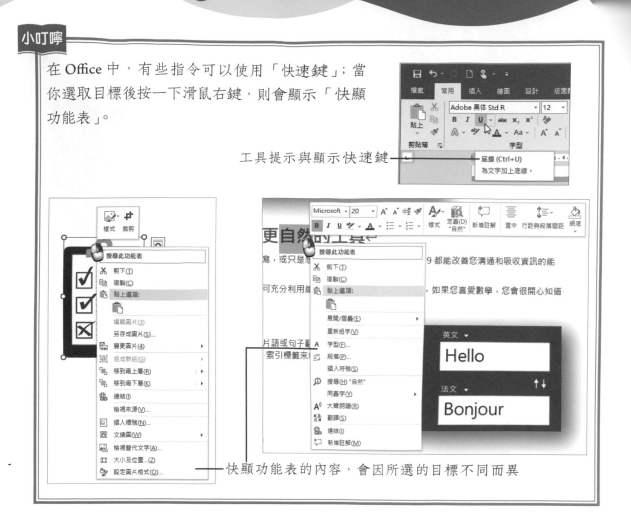

快顯功能表的內容，會因所選的目標不同而異

❖ 工作窗格：執行某些指令時會自動出現，例如：執行 逐步合併列印精靈，此時就會開啟 合併列印 工作窗格。

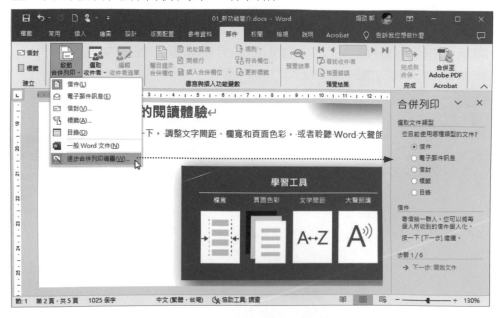

❖ 狀態列：顯示目前頁面上的各種編輯狀態，例如：頁碼、頁數、字數統計、顯示比例…等。在 狀態列 上按一下滑鼠右鍵，「快顯功能表」中會顯示指令的使用情況，方便使用者快速找到文件的相關資訊。

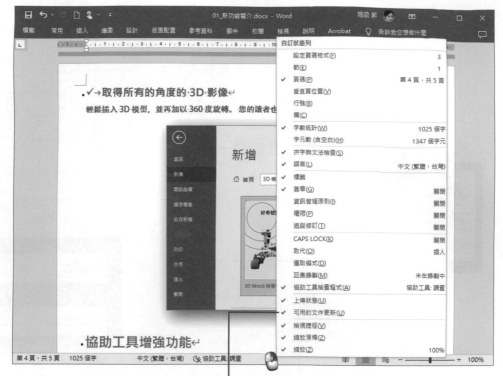

呈現勾選圖示，表示該項資訊已顯示在狀態列上

自訂快速存取工具列

快速存取工具列 預設只會顯示常用的指令，你可以依據使用習慣自訂。

01 點選 快速存取工具列 右側的 自訂快速存取工具 鈕，直接在清單中點選要顯示的指令，例如：開啟；選定的指令即會顯示在其中。

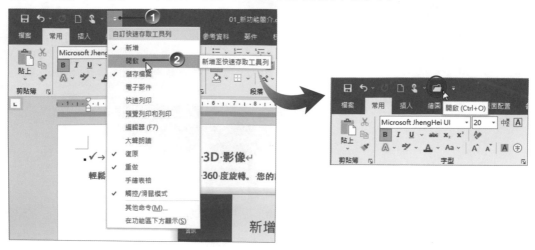

02 如果是執行 其他命令，會開啟 Word 選項 對話方塊並位於 快速存取工具列 標籤，從 自訂快速存取工具列 下拉式清單中，選擇該設定要應用在 所有文件 或「目前的文件」。

03 從 由此選擇命令 下拉清單中選擇命令類別，預設值是 常用命令；再於下方的清單選擇要顯示的命令，按【新增】鈕加入至右側的清單；重複此步驟，一一加入要顯示的命令；最後可以按 上移 ▲ 或 下移 ▼ 鈕，調整命令在 快速存取工具列 上的顯示順序；完成之後按【確定】鈕。

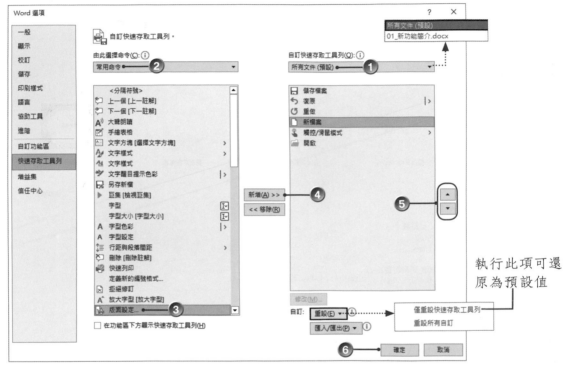

執行此項可還原為預設值

版面設定 ── 拼字及文法檢查
自訂的快速存取工具列 ──

小叮嚀

將滑鼠游標移到功能區任一指令上方按滑鼠右鍵，執行 新增至快速存取工具列 指令，可直接加入到 快速存取工具列；使用同樣的方式也可將其從 快速存取工具列 中移除。

新加入的指令 ──

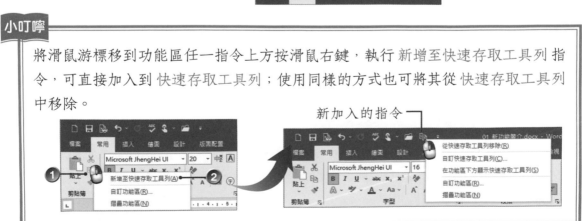

檔案管理

Office 家族中各軟體有關檔案的各項操作方式都很相似，唯因應用程式的特性不同，而各自擁有不同的檔案屬性。

❖ 開啟空白文件

啟動 Word 應用程式後，在 常用 頁面點選 空白文件，會開啟一個以「Normal」為範本的空白新文件，預設檔名為「文件 1」。如果想再新增一份文件，請執行 檔案 > 新增 指令。

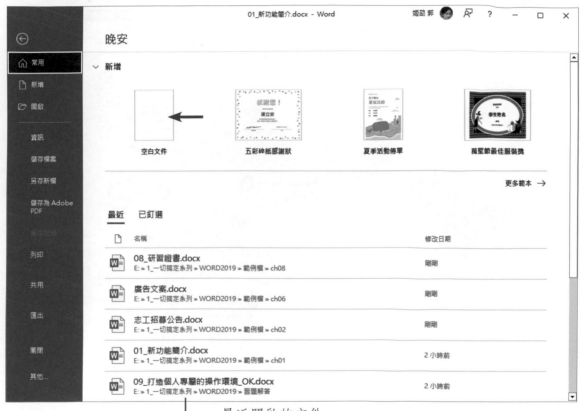

最近開啟的文件

❖ 使用線上範本

如果電腦有連線上網，就可以從微軟所提供的各式線上範本中，下載範本後新增文件，請執行 檔案 > 新增 指令，點選類別或是鍵入關鍵字搜尋；在後面的單元中會有實際的使用範例說明。

以指定範本為基礎的新文件

下載過後的範本會顯示在 檔案 > 新增 的開始頁面中,方便日後再次使用。

❖ 儲存檔案

編輯 Word 文件的過程中,所做的任何變更會暫存在電腦記憶體暫存區,若要將編輯結果永久保存,必須執行儲存檔案的操作。

01 執行 檔案 > 儲存檔案 指令,第一次執行存檔作業會出現 另存新檔 頁面,點選 瀏覽 可選擇儲存的路徑。若點選 最近 清單,可選擇最近使用過的資料夾路徑。

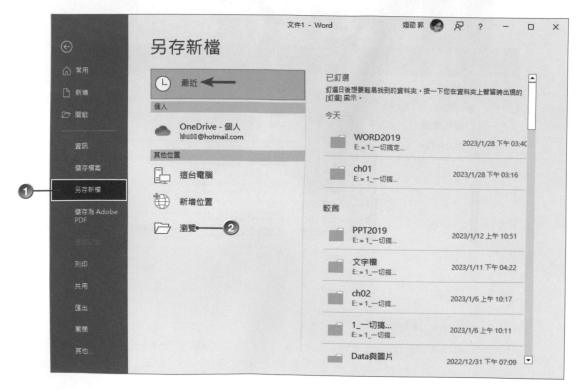

02 開啟 另存新檔 對話方塊，找到要儲存的資料夾，新文件儲存時會以文件中第一行文字內容做為預設的 檔案名稱，可再變更 檔案名稱，按【儲存】鈕。

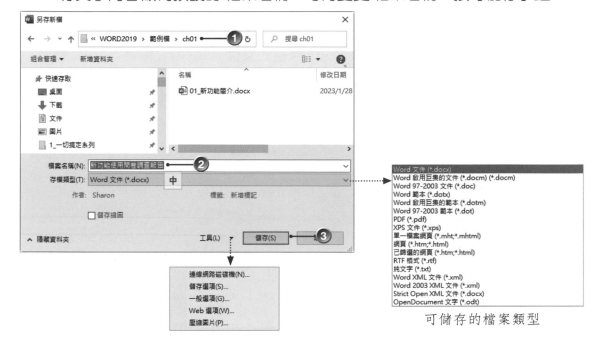

可儲存的檔案類型

新文件建立後，若點選 快速存取工具列 上的 儲存檔案 指令，會出現 儲存此檔案 的畫面，預設的儲存位置是 OneDrive 的個人 文件 資料夾；點選 其他選項 會展開 檔案 > 另存新檔 頁面（步驟 1 的圖），可再指定儲存到其他位置。

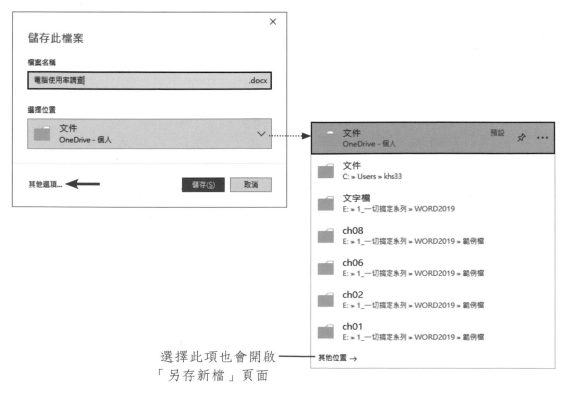

選擇此項也會開啟「另存新檔」頁面

❖ 開啟舊檔

在 Word 中可以同時開啟多份文件檔案進行編修工作,可開啟的檔案數目與電腦的記憶體大小、硬碟空間有很大的關係。

01 啟動 Word 之後,若想編輯一份已存在的文件,請執行 檔案 > 開啟 指令,按瀏覽。

最近存取過的檔案清單,點選後可直接開啟

02 出現 開啟舊檔 對話方塊,展開並選取要編輯的檔案所在之磁碟機與資料夾,點選要開啟的檔案,按【開啟】鈕即會開啟指定的檔案。

小叮嚀

啟動 Word 後,最近 清單中會顯示最近編輯的檔案名稱與其對應的存放路徑(預設值是 50 個),點選之後即可開啟檔案(請參閱第 1-10 頁的圖)。

以指定範本為基礎的新文件

小叮嚀

下載過後的範本會顯示在 檔案 > 新增 的 開始頁面中，方便日後再次使用。

❖ 儲存檔案

編輯 Word 文件的過程中，所做的任何變更會暫存在電腦記憶體暫存區，若要將編輯結果永久保存，必須執行儲存檔案的操作。

01 執行 檔案 > 儲存檔案 指令，第一次執行存檔作業會出現 另存新檔 頁面，點選 瀏覽 可選擇儲存的路徑。若點選 最近 清單，可選擇最近使用過的資料夾路徑。

當您開啟舊檔案格式「*.doc」或 2013 版本的 Word 文件時，標題列上會出現「相容模式」的提示，在 檔案 > 資訊 頁面中也會出現 轉換 指令，點選即可將文件轉換為新的檔案格式。或是執行 另存新檔 指令，將文件儲存為新的檔案格式「*.docx」，日後再開啟時就不再出現「相容模式」的提示。

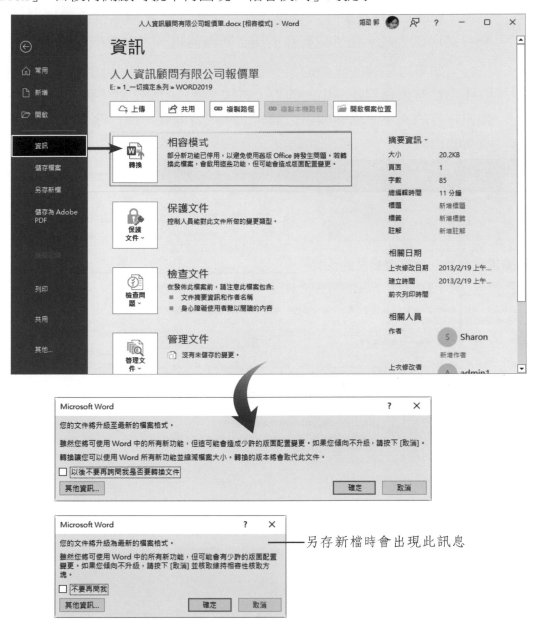

另存新檔時會出現此訊息

分段與分行

輸入文字內容時，Word 會自動編排所輸入的文字，因此當文字內容到達段落的右邊界時會自動換行。

❖ 分段：Word 文件是以「段落標記 ↵」來識別文章段落，這個標記是按下 Enter 鍵所產生的，通常只有在要另起新段落時，才需要按 Enter 鍵。

❖ 分行：如果必須將段落中的某一字串強制移到下一行的起始位置，可以先將插入點游標移到該字串的前方，再按 Shift + Enter 鍵「強迫分行 ↓」。被強迫分行的文字，仍然與它之前的文字內容同屬一個段落，所以會保有原段落的格式。

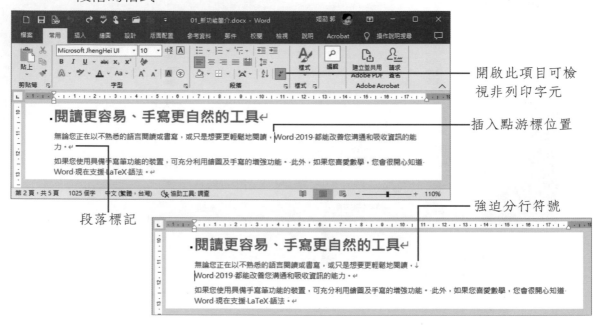

開啟此項目可檢視非列印字元

插入點游標位置

段落標記

強迫分行符號

文字範圍選取

執行許多應用程式時請牢記一個口訣：「先選範圍，再做動作」，所以在 Word 中進行文件編輯作業時，必須先學會如何選取文字範圍。

❖ 使用滑鼠拖曳方式建立選取範圍

01 將滑鼠游標移到選取範圍的起始位置，按住滑鼠左鍵不放，拖曳到所要選取的範圍為止，然後鬆開滑鼠按鍵。

02 先按住 Ctrl 鍵不放，重複步驟 1，可以同時選取文件中多個不連續的範圍。

> ．✓→**按一下修正協助工具問題**↵
>
> 協助工具檢查程式比之前更強大，支援國際標準和方便的建議功能，讓殘障人士更易於存取您的
> 文件。於窗格右方單鍵點按即可執行建議的修正。↵

03 如果要取消選取，只要以滑鼠在文件的其他區域按一下即可；若要取消部份不連續範圍的選取，同樣是先按住 Ctrl 鍵，再點選一下該範圍的任意處，即能取消該範圍的選取。

❖　使用滑鼠點選方式建立選取範圍

將滑鼠游標移到段落內文字的最左邊 (文字選取區) 時，游標會由「 I 」變成「 ↗ 」，再透過按滑鼠左鍵點選的方式，即可以輕鬆選取單行、多行或整段文字。

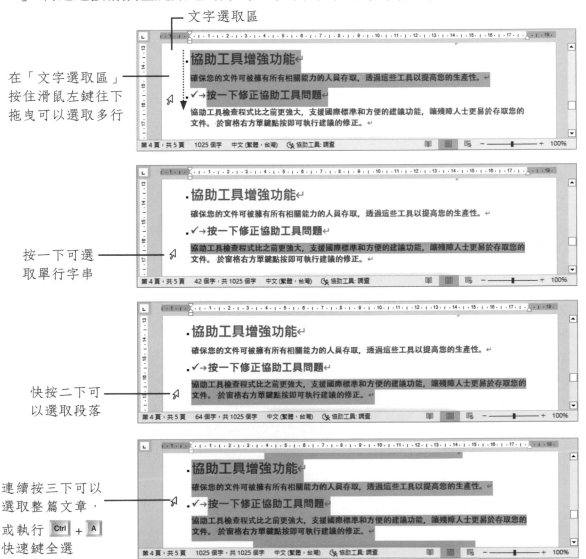

文字選取區

在「文字選取區」
按住滑鼠左鍵往下
拖曳可以選取多行

按一下可選
取單行字串

快按二下可
以選取段落

連續按三下可以
選取整篇文章，
或執行 Ctrl + A
快速鍵全選

操作說明與搜尋

使用 **Word** 的過程中,如果需要任何操作說明或指引,可以透過以下幾種方式求救:

01 按下 F1 鍵,展開 說明 工作窗格,點選要搜尋的主題,或是鍵入關鍵字再搜尋。

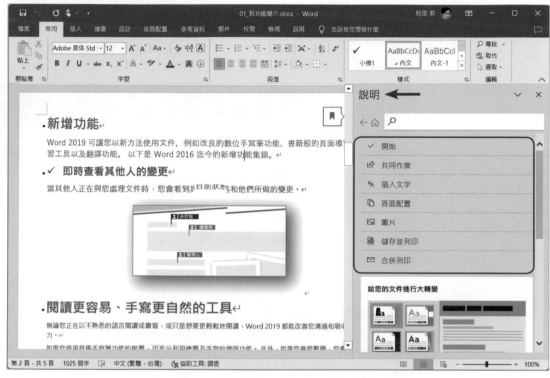

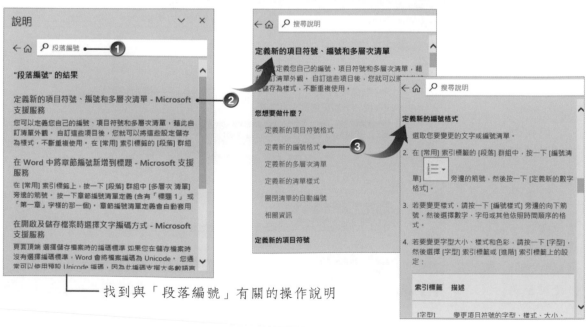

————— 找到與「段落編號」有關的操作說明

02 在索引標籤名稱最右側的 告訴我您想做什麼 點選一下（或按 Alt + Q 快速鍵），在文字欄位中鍵入搜尋的關鍵字，下方會立即出現相關清單，點選要執行的項目即可完成該動作設定。

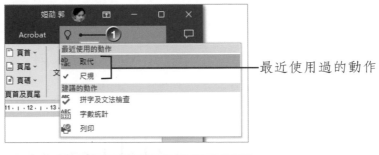

最近使用過的動作

實作與簡答

1. 請參考本單元的作法，將 新檔案、另存新檔、快速列印、複製、剪下、貼上 與 快速表格 等指令，加入到「快速存取工具列」中，並將其顯示順序調整成如下圖所示的結果。

2. 請問 Word 中有哪幾種選取文字的方式？

製作志工招募公告

☆ 設定基本字元格式

☆ 設定段落格式 - 項目符號

☆ 複製格式

☆ 插入圖示與格式設定

☆ 設定字元格式 - 下移

☆ 設定段落格式 - 定位點

☆ 文字效果與印刷樣式

☆ 插入圖片與格式設定

☆ 產生頁面框線

志工招募

機構名稱：醫院附設護理之家

服務對象：長輩

志工服務內容：

✪ 陪伴關懷

✪ 才藝帶領

✪ 讀報、棋藝、勞作、運動…等靜態、動態活動

服務時間：每時段 2 小時，可依志工時間安排時段

✪ 星期一至六

✪ 9：00 - 11：00；15：00 - 17：00

志工條件：

✪ 國、台語流利，可與中高年長輩互動者

✪ 主動性高，具有才藝專長者尤佳

服務地點：西區中正路 100 號

報名聯絡資訊：

☎ 電話：22119911

👤 聯絡人：周玉芬 社工

✉ service@carehome.com.tw

　　「格式設定」是 Word 文書處理中的基本操作，將文字內容適當的加以格式化，可以提高閱讀性，這個處理過程包含了字元與段落的部份。字元的格式化要先選取文字範圍，段落的格式化只需將插入點置於段落任意處，或是選取多個段落範圍再進行設定。本章將以製作「志工招募公告」，說明如何進行文字內容的格式化，並搭配插入圖示和圖片來完成設計。

設定基本字元格式

01 執行 檔案 > 開啟舊檔 指令，開啟範例檔案「志工招募公告 .docx」。

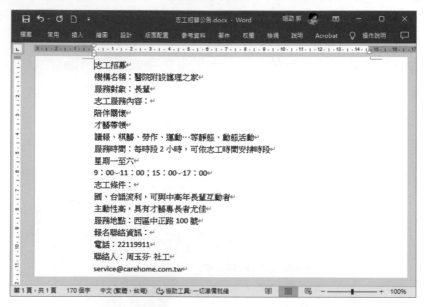

02 按 Ctrl +A 快速鍵選取所有內容，再將字型放大為「16」。

也可在此快按三下 ①
選取全部內容

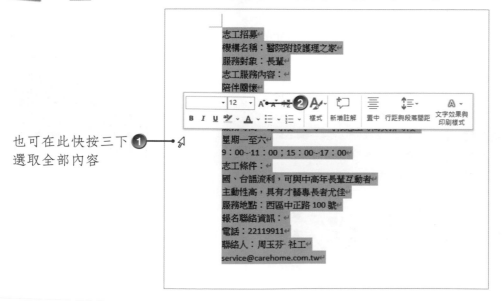

03　按住 Ctrl 鍵後，分別拖曳選取下圖中的文字範圍，設定 粗體 與 字型色彩。

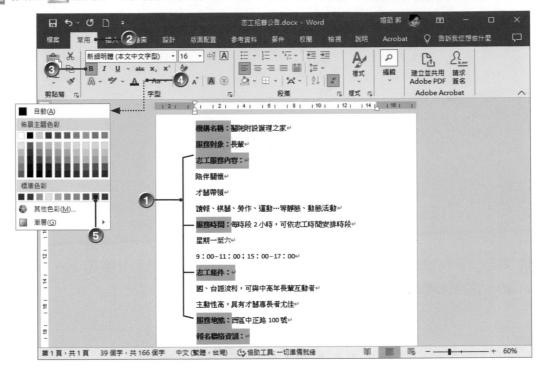

設定段落格式 - 項目符號

01　選取下圖中的連續段落，執行 常用 > 段落 > 項目符號 指令，從清單中選擇一種預設符號套用，或是選擇 定義新的項目符號 指令。

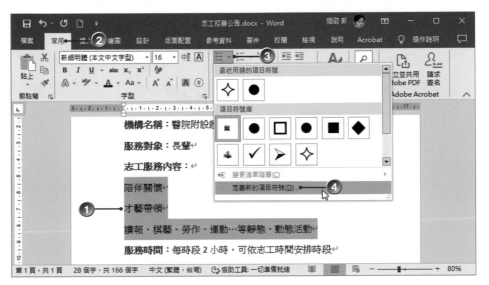

02 開啟 定義新的項目符號 對話方塊，按【符號】鈕。

03 開啟 符號 對話方塊，選擇一種 字型，再點選要使用的符號，按【確定】鈕，回到步驟 2 的畫面，再按【確定】鈕。

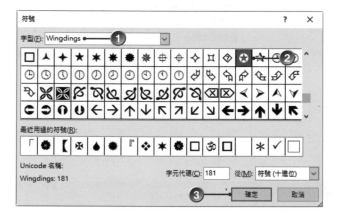

複製格式

01 將插入點置於已設定項目符號的段落任意處，快按二下 常用 > 剪貼簿 > 複製格式 指令，以便連續在多處複製相同格式。

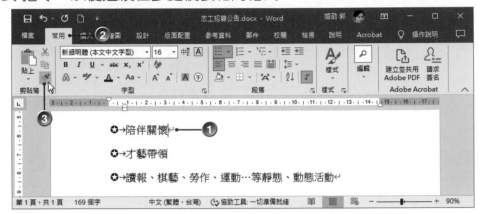

02 滑鼠游標呈「刷子」 ▲I 狀，在要設定的段落任意處點選一下，將相同的項目符號套用在點選的段落上，可連續執行，不再複製時按 Esc 鍵取消格式複製的動作。

小叮嚀

若要複製字元格式，請將「刷子」拖曳選取文字範圍，即可套用複製的字元格式。

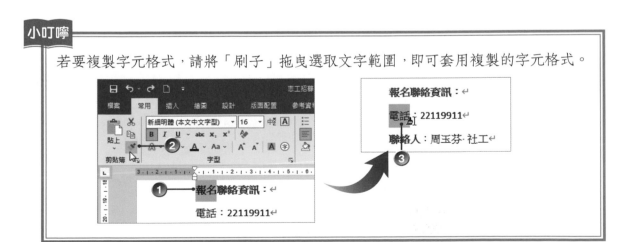

插入圖示與格式設定

01 將插入點移至「電話」前方，執行 插入 > 圖例 > 圖示 指令。

02 於左側選擇 通訊，從清單中點選「電話」圖示，按【插入】鈕。

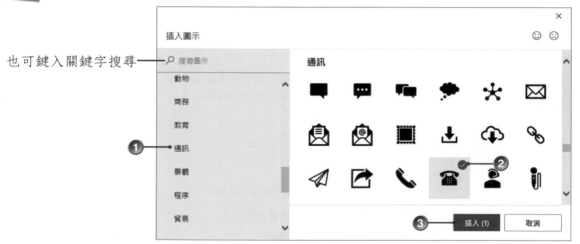

03 於 圖形工具 > 圖形格式 > 大小 區域中將 圖案高度 改為「0.8 公分」（預設值為「2.54 公分」），圖案寬度 會自動同步調整為相同尺寸。

04 接著點選 圖形工具 > 圖形格式 > 排列 區域的 文繞圖 指令,展開清單選擇 與文字排列。

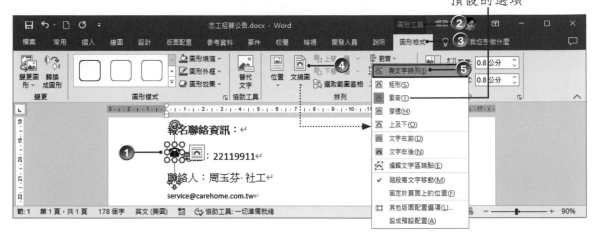

05 重複步驟 1-4,於下方段落的開頭處也插入圖示,再將二個圖示的 圖案高度 改為「0.8 公分」,文繞圖 設定為 與文字排列。

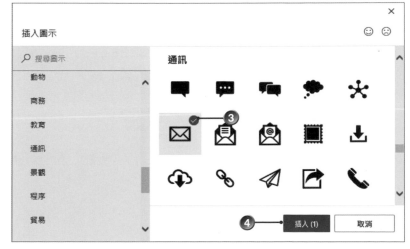

接下頁 ➡

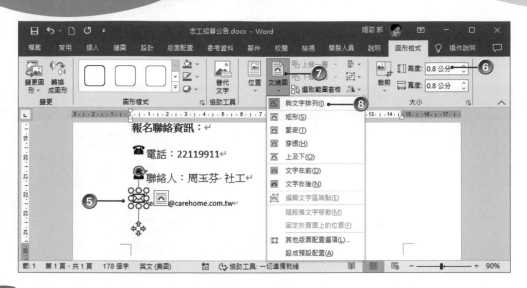

小叮嚀

文繞圖 選項的設定，除了透過 圖形格式 > 排列 > 文繞圖 指令來設定外，也可點選 版面配置選項 鈕來設定。

設定字元格式 - 下移

01 選取「電話」圖示，點選 字型 對話方塊啟動器鈕 。

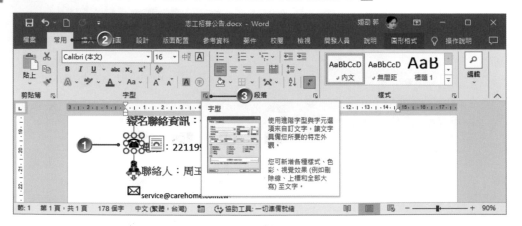

02 開啟 字型 對話方塊，切換到 進階 標籤，位置 選擇 下移，位移點數 設為「6 點」，按【確定】鈕。然後在「電話」圖示後方按一個空白鍵。

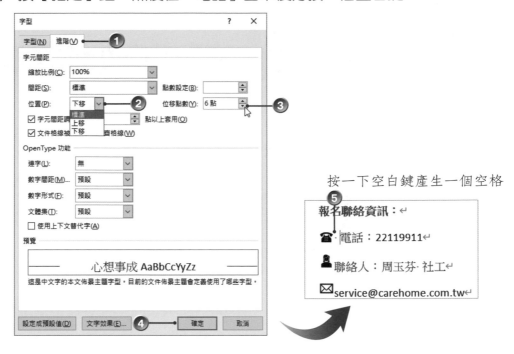

03 反白選取「電話」圖示，快按二下 常用 > 剪貼簿 > 複製格式 指令，再拖曳下方的二個圖示，使其也下移 6 點。同樣在二個圖示後方新增一個空白鍵。

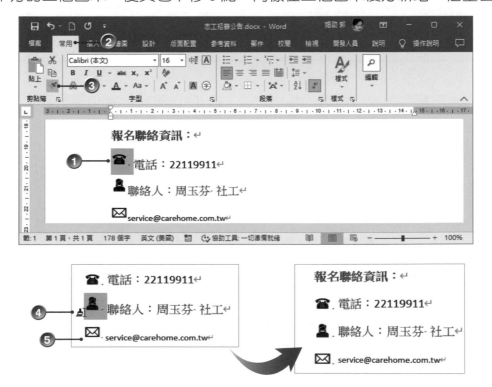

設定段落格式 - 定位點

01 選取文件最後的四個段落，尺規上預設會顯示 靠左定位點，在尺規下緣「7」的位置點選一下產生 靠左定位點。

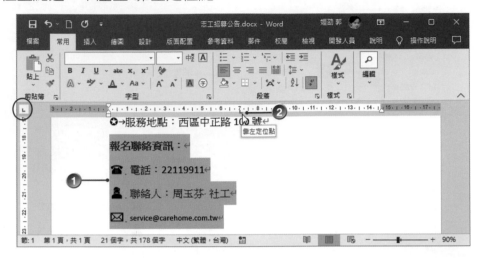

小叮嚀

文件中若未出現尺規，請於 檢視 > 顯示 功能群組中點選。

02 將插入點移至第一個段落的起始位置，按 TAB 鍵移至定位停駐點位置。

定位停駐點

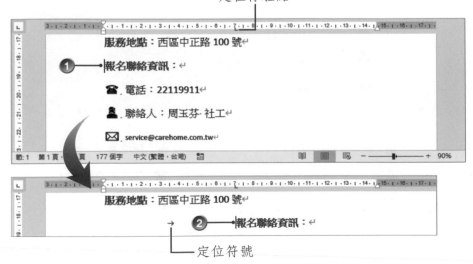

定位符號

03 重複步驟 2，分別將下方的三個段落也對齊在相同的定位停駐點。

文字效果與印刷樣式

01 執行 Ctrl +Home 快速鍵，將插入點移至文件起始位置，選取第一段落，執行 常用 > 字型 > 文字效果與印刷樣式 指令，從展開的清單中選擇一種樣式。

02 將文字放大為「36」，加上 粗體，點選 常用 > 段落 > 置中 指令，將其置中對齊。

插入圖片與格式設定

01 插入點移至下方段落開始處，執行
插入 > 圖例 > 圖片 > 此裝置 指令。

02 選取本單元範例資料夾中的圖片
「people-1.jpg」，按【插入】鈕。

03 將 圖案高度 指定為「4.5 公分」，點選 版面配置選項 鈕展開清單，將 文繞圖
指定為 文字在後。

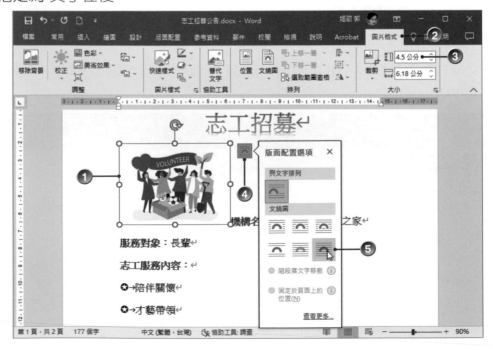

04 將圖片拖曳到右側空白處，從 圖片格式 > 圖片樣式 > 快速樣式 清單中指定
一種樣式。

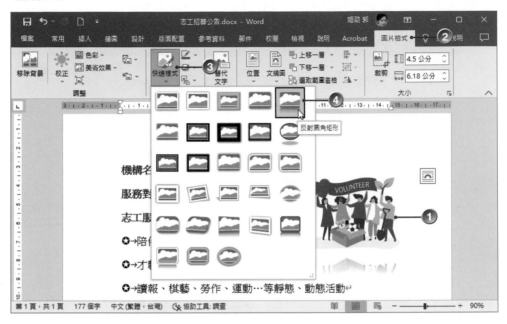

05 重複步驟 1-3，於文件下方插入範例資料夾中的圖片「people-2.png」（參考
步驟 2 的圖），將 文繞圖 指定為 文字在後，放置在文件左下角的空白處。

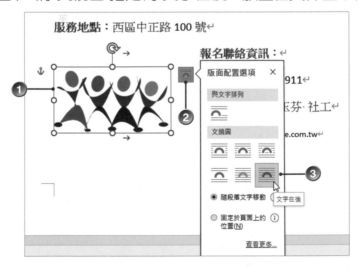

產生頁面框線

01 切換到 設計 索引標籤，點選 頁面背景 > 頁面框線 指令。

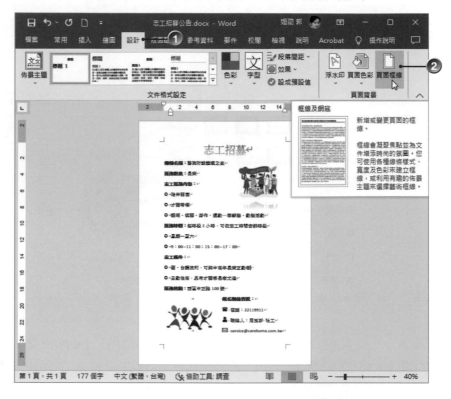

02 開啟 框線及網底 對話方塊並顯示 頁面框線 標籤，從 花邊 下拉式清單中選擇一種樣式，指定 寬 為「10 點」，按【確定】鈕。

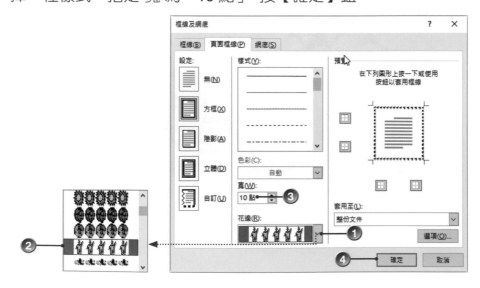

03 完成志工招募公告，請執行 另存新檔 將文件重新命名儲存。

志工招募

機構名稱：醫院附設護理之家

服務對象：長輩

志工服務內容：

✪→陪伴關懷

✪→才藝帶領

✪→讀報、棋藝、勞作、運動…等靜態、動態活動

服務時間：每時段 2 小時，可依志工時間安排時段

✪→星期一至六

✪→9：00~11：00；15：00~17：00

志工條件：

✪→國、台語流利，可與中高年長輩互動者

✪→主動性高，具有才藝專長者尤佳

服務地點：西區中正路 100 號

報名聯絡資訊：

☎ 電話：22119911

聯絡人：周玉芬 社工

✉ service@carehome.com.tw

實作題

　　開啟習題「02_校園二手好物拍賣會.docx」，仿照本單元作法，完成如下圖的活動海報製作。

　　提示 1：文字效果與印刷樣式（標題）

　　提示 2：插入圖示、圖片（「02_sale-1.png」及「02_sale-2.png」）

　　提示 3：項目符號

　　提示 4：頁面框線

校園二手好物拍賣會

活動日期：5 月 4 日 10：00 - 16：00　ONE DAY SALE!

活動地點：本校勤學館活動中心

拍賣商品：廚房用品、生活家電、資訊用品、傢俱、衣物…等商品

購買方式：每件商品皆會標示價格，限以現金交易

注意事項：

◆　商品數量有限，請提早前來搶購。

◆　商品項目以活動現場為準。

◆　電器用品提供現場測試。

◆　本次活動募集之商品皆為二手物品，購買後恕不退換。

◆　活動所得，全數捐給綠色環保組織。

◆　請大家珍惜資源、環保愛地球！

社區大學

選課報名表

☆ 插入表格
☆ 合併與分割儲存格
☆ 新增列
☆ 輸入內容並微調欄寬
☆ 插入符號

☆ 分割表格與套用表格樣式
☆ 設定表格框線與網底
☆ 儲存格的對齊
☆ 調整紙張大小

社區大學選課報名表

姓名		身分證號								生日	年　月　日
住家電話		手機								性別	國籍
學歷	□博士　□碩士　□大專學　□高中職　□國中　□國小　□其他：_____
職業別	□在學　□待業中　□退休　□家管　□就業中，類別：_____
通訊處	□□□-□□
緊急聯絡人		關係		電話	

星期	課程名稱	學分	星期	課程名稱	學分

　　「表格」是 Word 文件中不可缺少的重要元素，它能讓文件內容井然有序的呈現，除了可以繪製各種簡單到複雜的表單外，還能根據表格中的資料數據製成統計圖表。本單元將以一個實用的報名表為例，介紹 Word 中表格的基本操作與應用。

插入表格

01 啟動 Word 後開啟一份空白新文件，切換到 版面配置 標籤，點選 版面設定 > 邊界 指令，從展開的預設項目中點選 窄。

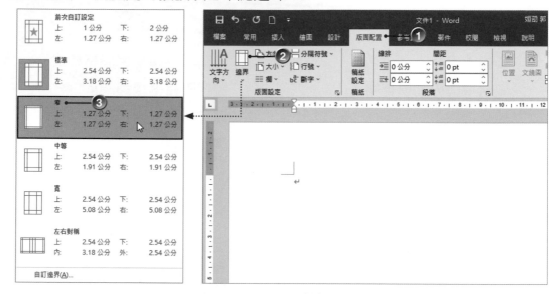

02 切換到 插入 索引標籤，執行 表格 > 表格 指令，於清單的方格中指到「8X7 表格」（也就是 8 欄 7 列）；或執行 插入表格 指令，透過 插入表格 對話方塊設定 表格大小。

合併與分割儲存格

　　插入表格時，預設每列的欄數相同、欄寬與列高也一樣大小。當插入點位於表格任意處時，可透過 表格工具 > 版面配置 索引標籤中的指令，改變表格的結構、欄寬與列高值、儲存格的對齊方式…等，調整為符合需求的表格。

01 先以滑鼠拖曳選取要合併的多個相鄰儲存格，再執行 表格工具 > 版面配置 > 合併 > 合併儲存格 指令；或在選取範圍上按右鍵，從快顯功能表選擇 合併儲存格 指令。

02 重複上述步驟，一一選擇要合併的儲存格後進行合併，結果如下圖所示。

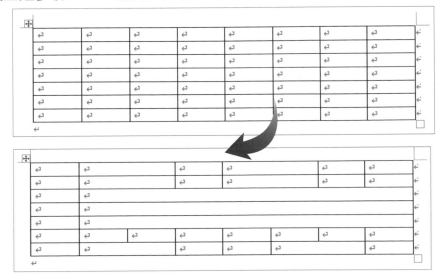

03 插入點置於第 1 列、第 4 欄中，執行 表格工具 > 版面配置 > 合併 > 分割儲存格 指令，開啟 分割儲存格 對話方塊，欄數 鍵入「10」，按【確定】鈕。

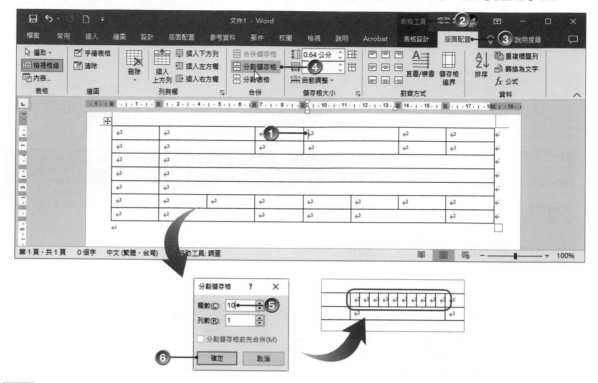

04 再拖曳選取第 2 列最右側的 2 個儲存格，執行 分割儲存格 指令，分割為 4 欄。

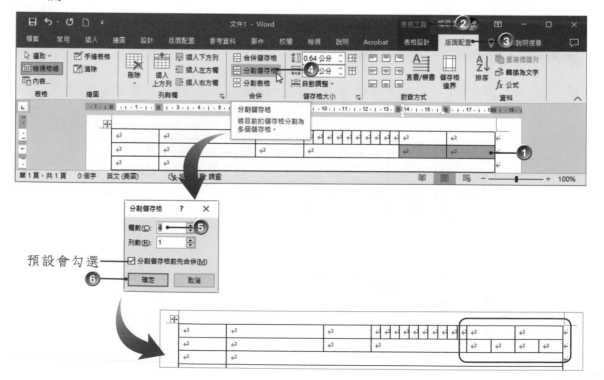

預設會勾選

05 繼續選取第 6 列、第 2~8 欄儲存格範圍，執行 分割儲存格 指令，分割為 8
欄後，再將相鄰的 2 個儲存格執行 合併儲存格 指令，結果如下圖所示。

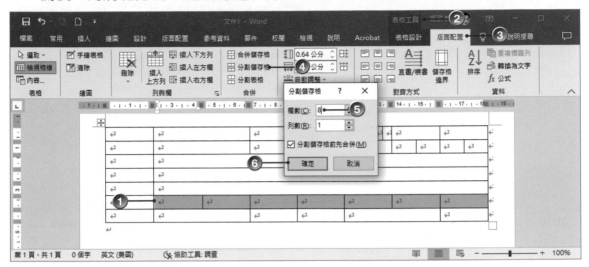

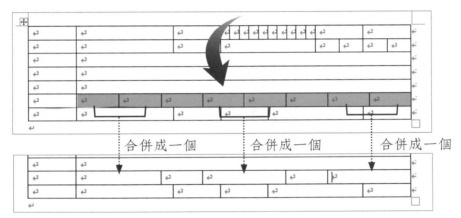

合併成一個　　　合併成一個　　　合併成一個

新增列

01 滑鼠移至左側選取區的表格下緣，出現「+」的新增列圖示，點選可新增相同
的一列。

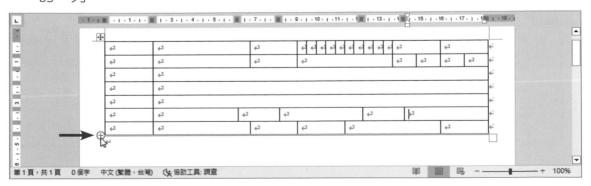

02 執行 表格工具 > 版面配置 > 列與欄 > 插入下方列 指令三次，再新增 3 列。

共新增 4 列

輸入內容並微調欄寬

01 將插入點移至表格第 1 欄，開始輸入文字內容。

姓名		身分證號		生日	年月日
住家電話		手機		性別	國籍

● 可開啟範例文件「**03_社區大學選課報名表_文字內容.docx**」，複製其內容再貼上。

● 在表格中移動插入點位置，請按 Tab 鍵往右、Shift + Tab 鍵往左；或以 ↑、↓、←、→ 方向鍵移動。

02 拖曳欄框線可調整整欄的欄寬，若只要調整單一儲存格，請先反白選取該儲存格後再進行調整；按住 **ALT** 鍵拖曳可微調。

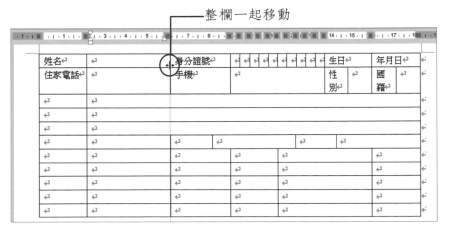

整欄一起移動

只調整該儲存格欄寬

03 要指定精確欄寬值，可在選取儲存格範圍後，於 表格工具 > 版面配置 > 儲存格大小 > 表格欄寬 中指定。

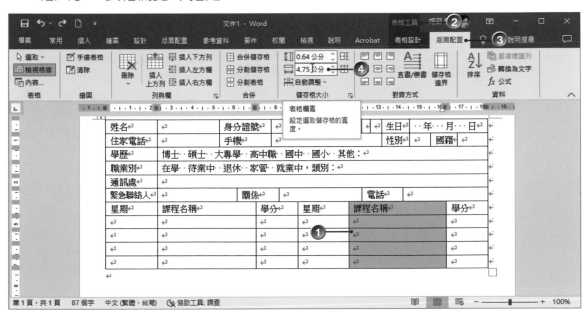

04 調整期間，可適時透過 表格工具 > 版面配置 > 儲存格大小 > 平均分配欄寬 指令均分欄寬。

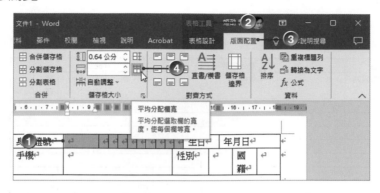

05 表格內容輸入完畢，按 Ctrl +Home 快速鍵將插入點移至表格起始處，按 Enter 鍵，表格上方產生空白段落，鍵入標題內容並格式化。

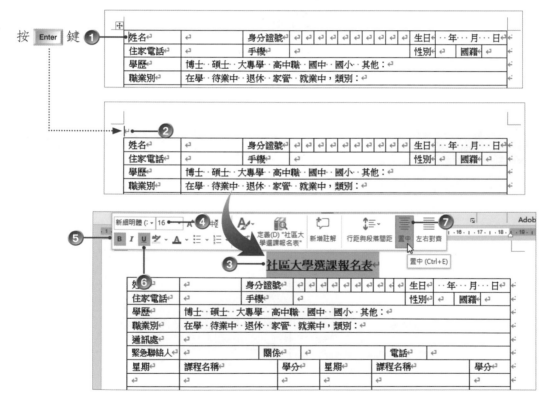

插入符號

01 插入點移到第 3 列、第 2 欄起始處，執行 插入 > 符號 > 符號 > 其他符號 指令。

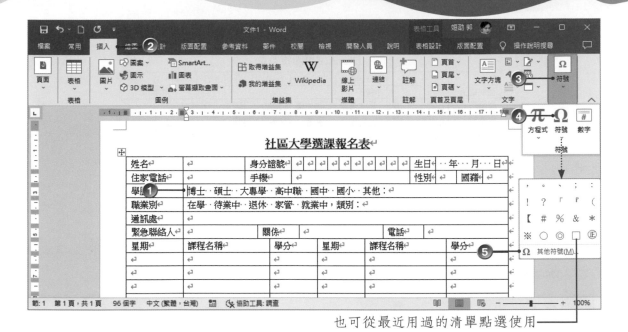

也可從最近用過的清單點選使用

02 在 子集合 清單中選擇 幾何圖案，點選其中的白色方形符號，按【插入】鈕。

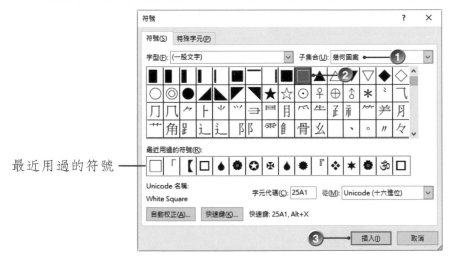

最近用過的符號

03 選取剛才插入的方形符號並 複製。

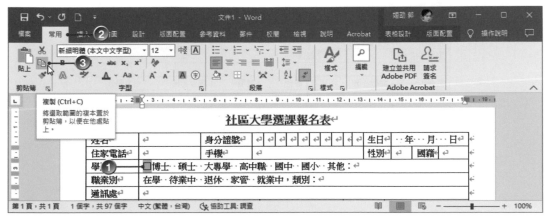

04 再 貼上 到表格的其他位置,如下圖所示。

從鍵盤輸入多個底線符號 ─────

分割表格與套用表格樣式

01 插入點移至第 7 列任意儲存格中,執行 表格工具 > 版面配置 > 合併 > 分割表格 指令,將表格分為上、下二個。

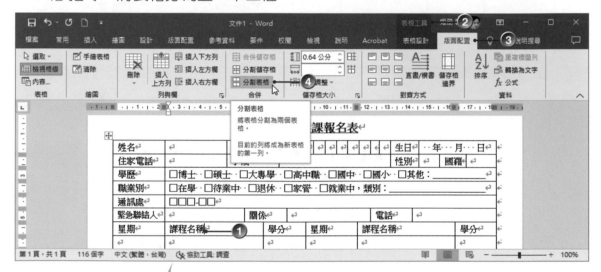

02 插入點放在下方表格任意處，從 表格工具 > 表格設計 > 表格樣式 清單中選擇一種樣式套用。

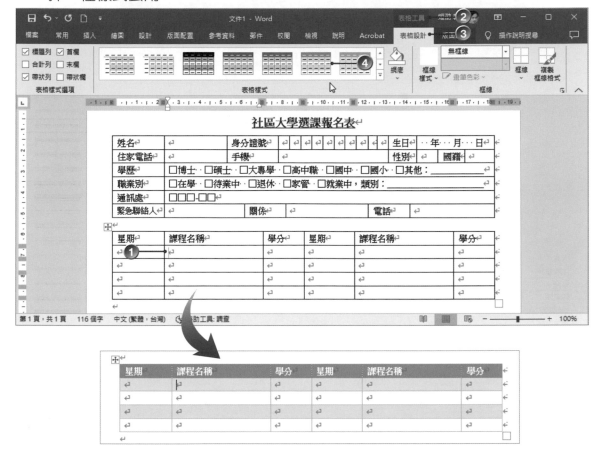

設定表格框線與網底

01 選取第一個表格的表格選取符號，將整個表格選取起來。

02 指定 畫筆樣式、畫筆粗細、畫筆色彩，再從 框線 下拉式清單中選擇 外框線。

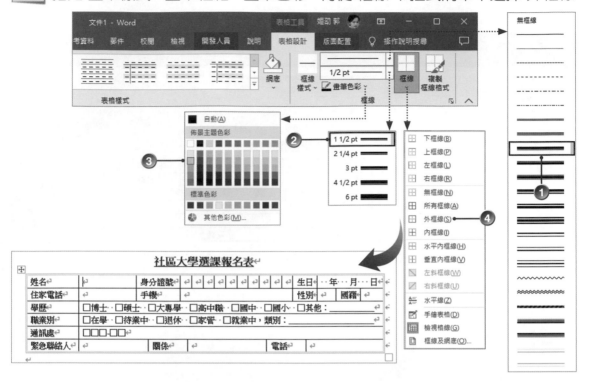

03 重複步驟 2，畫筆樣式 選擇 實線，再從 框線 下拉式清單中選擇 內框線。

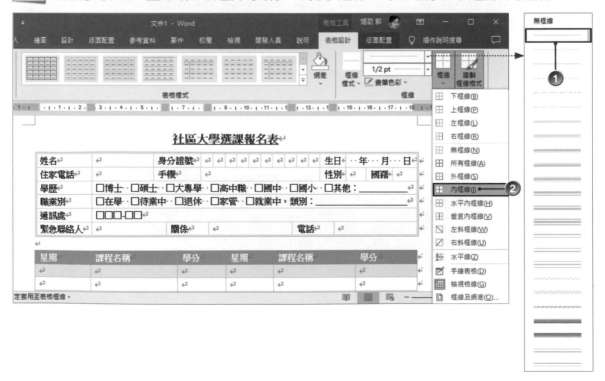

04 選取第 1 欄的儲存格範圍，從 表格工具 > 表格設計 > 表格樣式 > 網底 清單中指定色彩。

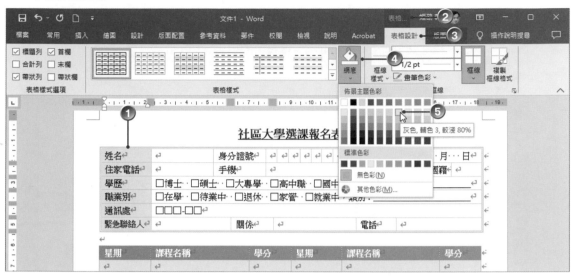

05 重複步驟 4，設定其他儲存格的網底如下圖所示。

儲存格的對齊

01 選取第一個表格的第 1 欄，執行 表格工具 > 版面配置 > 對齊方式 > 置中對齊 指令。

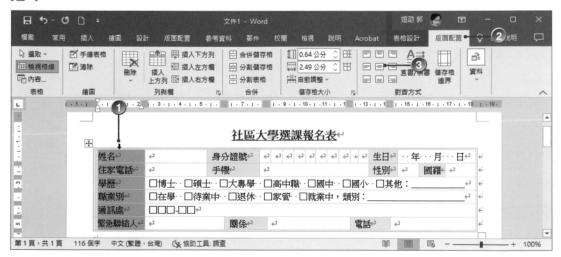

02 重複步驟 1，將其他欄位名稱也 置中對齊；其他非欄位名稱的儲存格則 置中靠左齊。

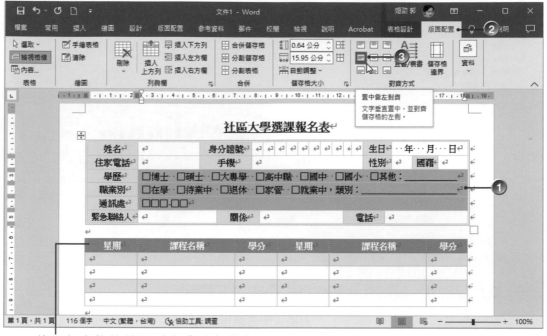

第二個表格的第一列也「置中對齊」

03 分別拖曳 2 個表格右下角的控制符號，將表格往下拉一些，可平均增加列高。

調整紙張大小

01 切換到 版面配置 索引標籤，點選 版面設定 對話方塊啟動器鈕 ⬞。

02 開啟 版面設定 對話方塊，切換到 紙張 標籤，紙張大小 改為「A5」。

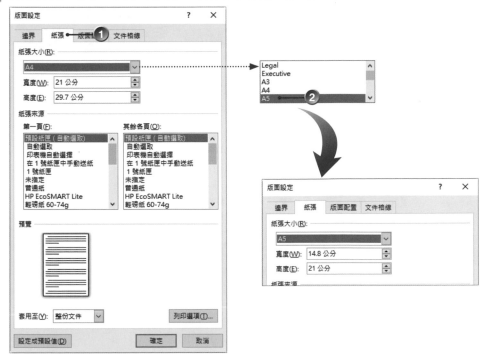

03 再切換回 邊界 標籤，方向 改為 橫向，按【確定】鈕。

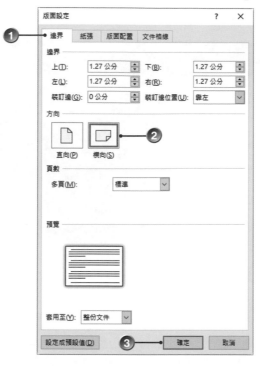

04 完成報名表的製作，請將文件進行儲存。

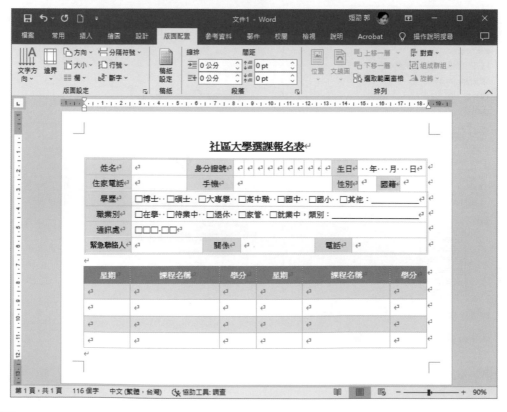

小叮嚀

如果不變更紙張大小和方向，那麼可以在 A4 的版面中放置 2 個報名表，您可以將報名表的內容全部選取後複製，再貼上於文件下方，這樣一頁便能列印 2 份報名表了！

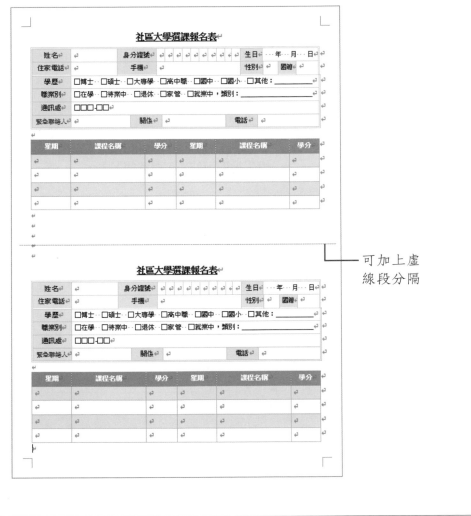

可加上虛
線段分隔

實作與簡答

參考本單元所學，製作如下的報名表格。

提示 1：表格工具 > 版面配置 > 對齊方式 > 直書 / 橫書 指令可改變文字走向。

提示 2：指定不同的表格列高值（如下圖所示）。

1-11 列：1 公分；12-15 列：1.3 公分；16 列：5.5 公分

學生暑期海外志工服務報名表

基本資料									
姓名				性別	○男‧‧○女			二吋半身照片	
身份證號									
出生日期	民國‧‧‧‧‧‧年‧‧‧‧‧‧月‧‧‧‧‧‧日								
聯絡電話									
e-mail									
聯絡地址	□□□-□□								
就讀學校					科系				
緊急連絡人			關係		電話				
飲食	○葷‧‧○素‧‧○其他：_____								
制服尺寸	○XS‧‧○S‧‧○M‧‧○L‧‧○XL‧‧○2L‧‧○3L‧‧○4L								
興趣									
專長									
參加社團									
報名動機									
身份證影本黏貼處（正面）					身份證影本黏貼處（反面）				

Check

使用範本產生
精美 DM

Chapter
4

☆ 使用範本   ☆ 調整表格位置

☆ 修改文字內容   ☆ 變更佈景主題色彩

☆ 插入線上圖片   ☆ 檢視文件資訊

　　Word 雖然是文書處理軟體，不過也具備影像處理與圖案繪製的功能，加上軟體使用的普及率高，因此也成為不少人製作海報、型錄或宣傳單…等文件的工具。Word 中提供了各式各樣精美、有趣的線上範本，如果想快速製作這類型的文件，只要取代文字內容、換換圖片…就能幫您省下不少寶貴的時間喔！

使用範本

01 啟動 Word 後，於 開始 畫面點選 新增，在 建議的搜尋 清單點選預設的 傳單。

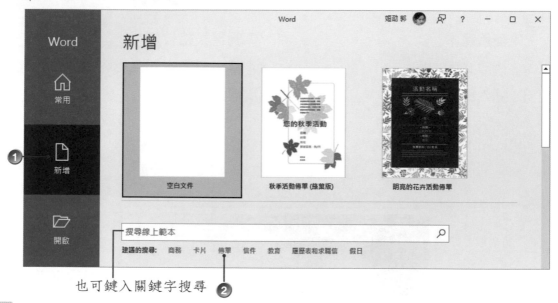

也可鍵入關鍵字搜尋

02 瀏覽各種不同類別的範本，在要使用的範本縮圖上點選。

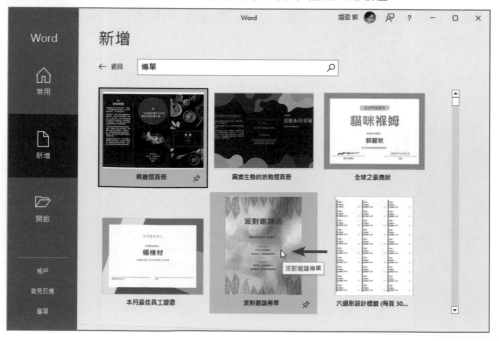

03 按【建立】鈕。

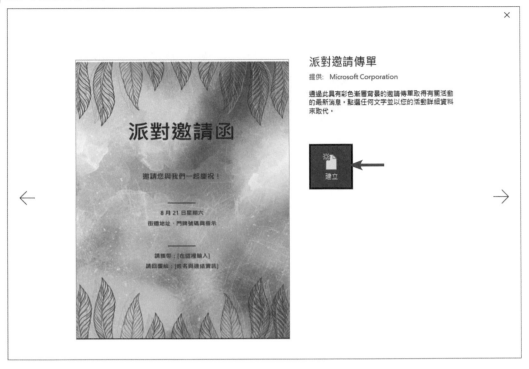

04 出現所套用範本的新文件，共包含 3 個表格與一張和文件相同大小的圖片。

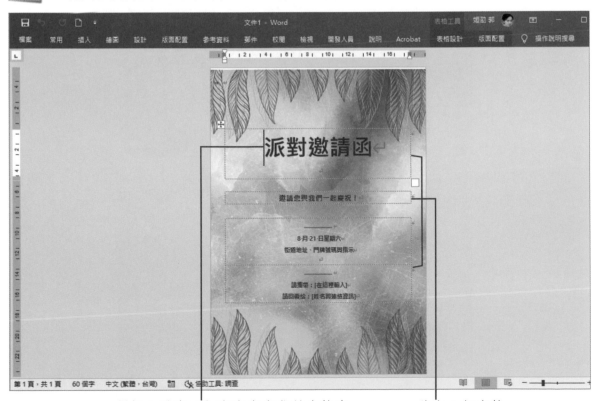

從插入點處可知文字內容位於表格中　　　　　共有 3 個表格

修改文字內容

01 目前插入點位在表格中，拖曳選取文字內容並修改成所需的標題文字。

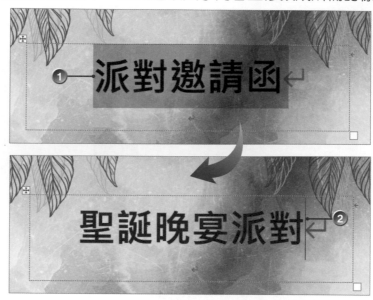

02 重複步驟 1 的動作，將需要修改的文字內進行編輯。

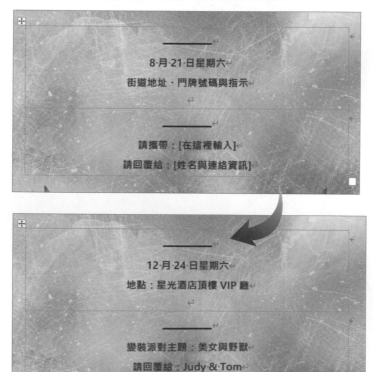

插入線上圖片

01 在圖片上點選並按右鍵，從快顯功能表中選擇 變更圖片 > 從線上來源 指令。

02 開啟 線上圖片 視窗，點選 背景 分類，或鍵入關鍵字後按 Enter 鍵搜尋。

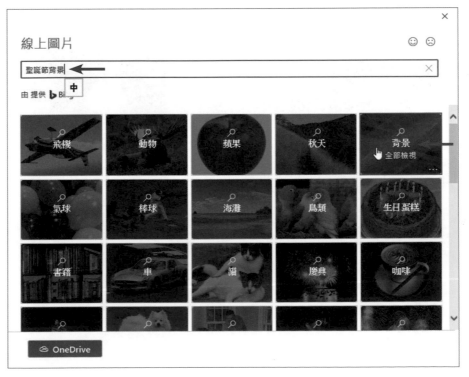

03 瀏覽各式背景圖片後，點選要使用的項目，按【插入】鈕。

請注意這段話，避免觸犯著作權法

04 拖曳圖片的控制點調整大小，以符合文件版面尺寸。

調整表格位置

為了配合背景圖片，我們需要調整文件中的表格位置。

01 插入點置於第一個表格中的文字最後，按 `Delete` 鍵刪除多餘的段落後，改為靠右對齊。

02 向左拖曳表格右框線，將表格調窄。

03 點選表格右下角的控制點，往上拖曳將列高調小。

04 點選表格左上角的選取符號，選取整個表格後，往右拖曳表格。

05 重複上述的調整動作，先將第三個表格的寬度調窄，再往下移動表格位置。

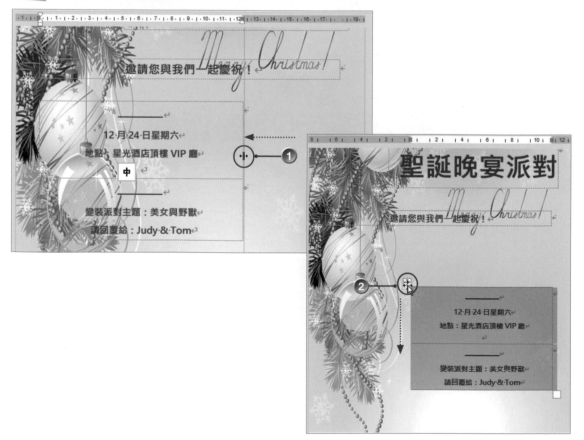

06 最後將第 2 個表格調窄欄寬，再往下移動表格位置，不要壓到背景圖片的英文字。

變更佈景主題色彩

切換到 設計 索引標籤，從 文件格式設定 > 佈景主題 清單中，改選一種佈景主題，可快速將文件中的文字色彩同步變更。

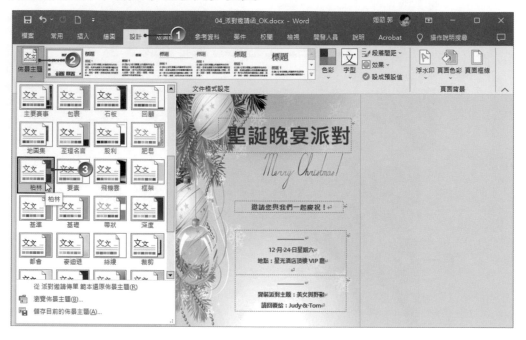

檢視文件資訊

01 插入點置於任意表格中，取消 表格工具 > 版面配置 > 表格 > 檢視格線 指令，文件中不會顯示表格格線，可以檢視結果。

02 執行 檔案 > 列印 指令，預覽完成的結果。

縮放至頁面鈕

03 切換到 檔案 > 資訊 頁面，點選右側 摘要資訊 下方的 顯示所有摘要資訊，會
顯示所使用的 範本 名稱。

接下頁 ➡

04 完成作品後可以將文件命名儲存。

原始範本內容

修改後的內容

小叮嚀

● 有些範本中的文字具有提示作用，點選時會反白並自動選取，只要鍵入內容即可予以取代。

● 當範本中的預設圖片，無法在文件中選取時，請在上邊界或下邊界區域快按二下，進入 頁首 / 頁尾 區域，選取圖片後執行變更、取消群組…等作業。有關 頁首 / 頁尾 區的進一步說明請參閱第 9 單元。

在上邊界區快按二下

點選可離開頁首及頁尾區域

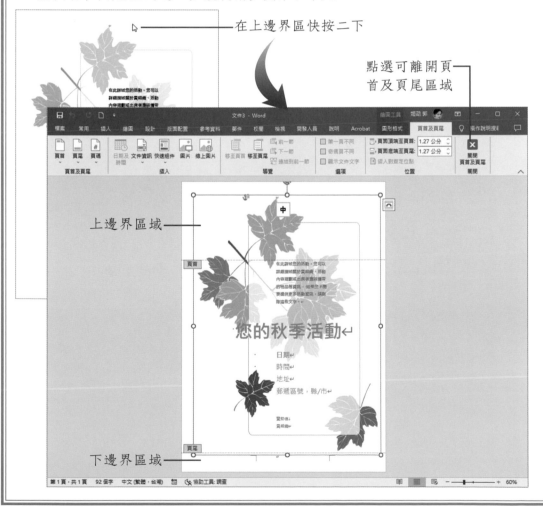

上邊界區域

下邊界區域

課後練習

實作題

以關鍵字「活動」搜尋線上範本，並選擇一種範本套用後，修改成如下圖所示的內容。

提示1：進入「頁首/頁尾」區域將圖片變更為與「海洋」有關的線上圖片。

提示2：將文字內容修改後，加上粗體、放大字型…等格式設定。

提示3：變更佈景主題。

————套用「肥皂」佈景主題

以 SmartArt 繪製組織圖

- ☆ 認識繪圖畫布
- ☆ 建立組織圖
- ☆ 編修組織圖
- ☆ 改變整體外觀
- ☆ 個別圖案的格式化

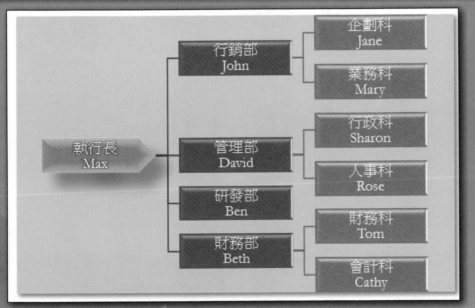

「組織圖」是生活中最常看到的一種「智慧形圖表（SmartArt）」，它包含以下七種非數字的概念性圖表：清單、流程圖、循環圖、階層圖、關聯圖、矩陣圖、金字塔圖，每種類型都有許多樣式可供選擇，還可以圖片來呈現。本章將說明如何建立「階層圖」中的「組織圖」。

認識繪圖畫布

使用 SmartArt 產生圖形時，會自動產生 繪圖畫布。繪圖畫布 會將多個繪圖物件視為單一物件，方便同時選取並設定相同格式、樣式…等屬性。如果想將所有圖例，例如：文字藝術師、圖片、圖案…等多個元件繪製在 繪圖畫布中，可以先新增繪圖畫布再繪製。

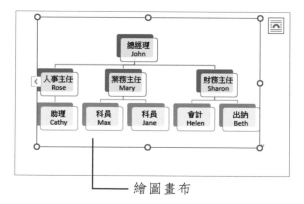

— 繪圖畫布

沒有透過「繪圖畫布」所插入的各式圖例

01 在文件中執行 插入 > 圖例 > 圖案 > 新增繪圖畫布 指令。

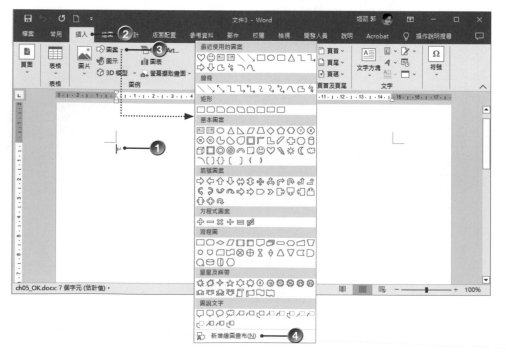

02 文件中插入點所在的位置即會出現一個空白的 繪圖畫布 (預設位置是 與文字排列)，且功能區上方會顯示 繪圖工具 關聯式索引標籤，視需要可以設定畫布的 圖案填滿、外框、效果 和 排列…等屬性。

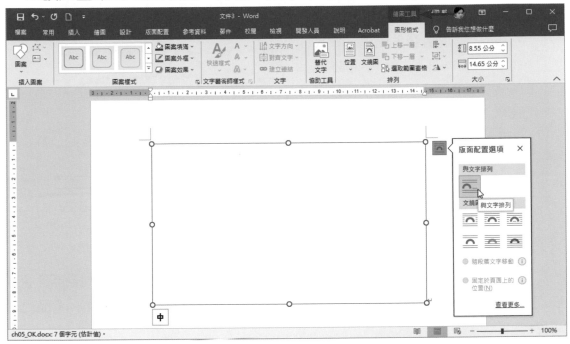

03 接著可以在畫布中的任意處插入 圖案、圖片、文字藝術師…等圖形物件。

圖案　Merry Chris英as!　控制點　文字藝術師　圖片

04 拖曳畫布邊框上或四個角落的控制點，可以調整畫布尺寸；當畫布為「浮動」狀態時，將游標移到邊框上使其呈現 狀態，按住滑鼠左鍵拖曳，可以調整畫布的位置；如果拖曳邊上或角落的控制點，可以調整畫布大小。

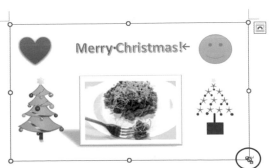

小叮嚀

若希望在繪製圖案時，也能像插入 SmartArt 一樣，同時建立畫布，請執行 檔案 > 選項 指令，在 Word 選項 對話方塊 進階 標籤的 編輯選項 區段中，勾選 ☑ 插入快取圖案時自動建立繪圖畫布 核取方塊，之後插入 圖案 時就會自動產生 繪圖畫布。

建立組織圖

SmartArt 的 階層圖 中，最常使用的應該就屬「組織圖」，常見於各企業、公司、單位，讓大家從簡單的圖表中輕鬆明白組織的架構或部門、產品之間的關係。

01 新增一空白文件，執行 插入 > 圖例 > SmartArt 指令。

02 出現 選擇 SmartArt 圖形 對話方塊，先點選 階層圖 類別，再點選 圓形圖片階層，按【確定】。

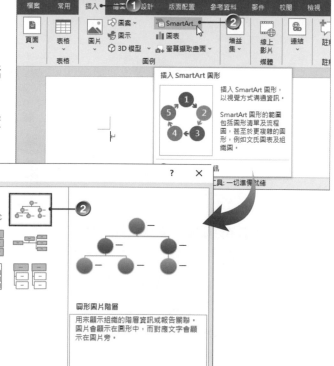

03 自動產生繪圖畫布且顯示預設格式的組織圖，功能區上方也會出現 SmartArt 工具 關聯式索引標籤，第一階層的文字方塊為選取狀態，可以直接輸入內容。

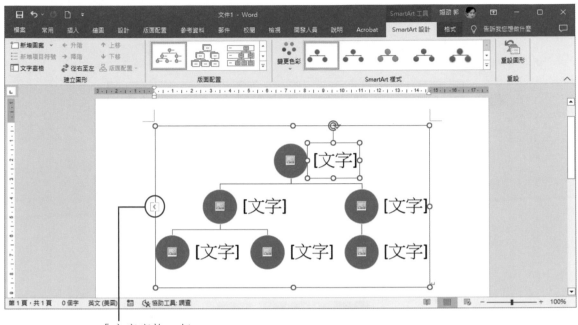

「文字窗格」鈕

04 按一下畫布左側的 文字窗格 鈕，或執行 SmartArt 工具 > SmartArt 設計 > 建立圖形 > 文字窗格 指令，會出現 在此鍵入文字 窗格，方便你輸入每一階層的文字；如果輸入的文字較多，會自動換行並調整大小；若想要強迫換行，請按 Shift + Enter 鍵。

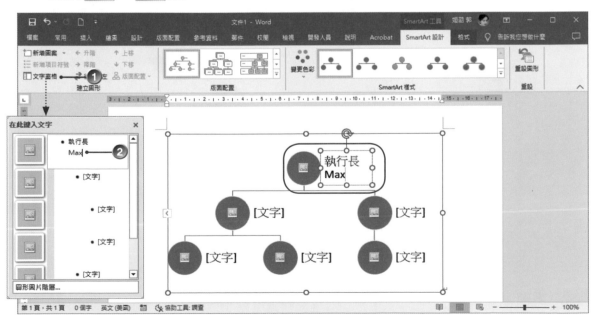

05 點選組織圖對應階層的 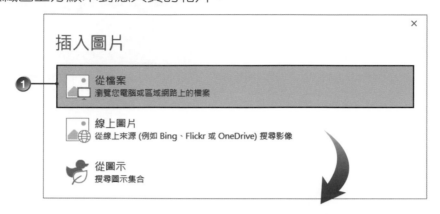 圖示，開啟 插入圖片 視窗，按 瀏覽 開啟對話方塊，找到要插入相片的資料夾，點選要置入的相片，按【插入】鈕，即會在組織圖上方顯示對應人員的相片。

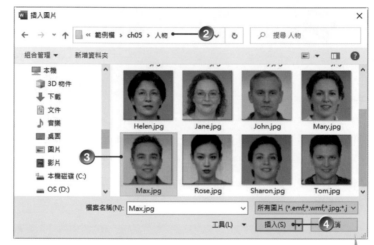

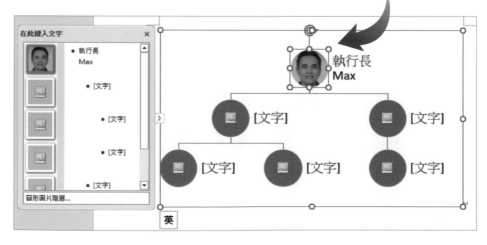

06 重複上述步驟，建立如下圖所示的組織圖；設定完成之後，只要以滑鼠點選文件的空白處，即會離開繪圖畫布。

內含相片的組織圖

編修組織圖

　　預設的組織圖結構很簡單,視需要可以修改其架構,包括增、刪與移動圖案。操作的時候請記住:「先選目標,再執行」!

01　延續上述操作,如果要在第二階層中新增同一階層的項目,請先點選第二階層的項目,再執行 SmartArt 工具 > SmartArt 設計 > 建立圖形 > 新增圖案 > 新增後方圖案 (或 新增前方圖案) 指令。

若點選第一階的
圖案,可以執行
新增下方圖案

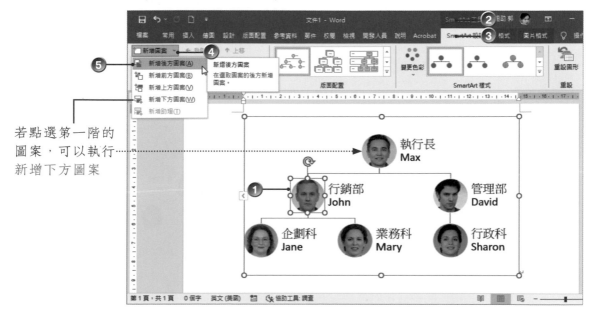

02 第二階層所點選項目的右方會新增一個圖案，同時會自動調整組織圖大小，使其完整容納於畫布中。

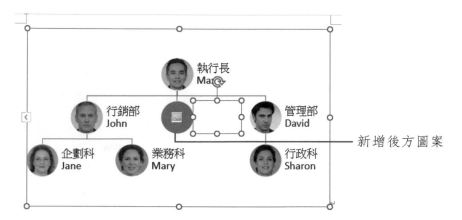

新增後方圖案

03 同樣可以透過 在此鍵入文字 窗格輸入內容並插入圖片。

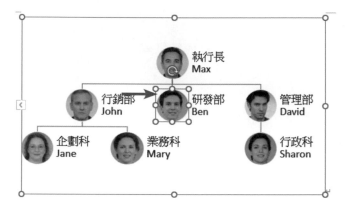

04 參考步驟 1~3，新增其他階層的組織圖案；如果要刪除圖案，請先點選再按 Delete 鍵即可。

可拖曳調整高度

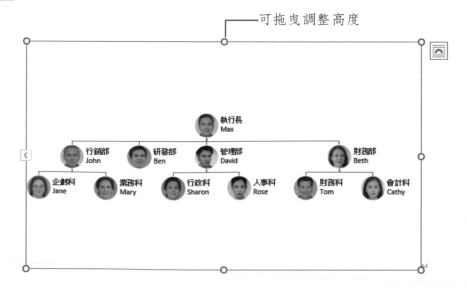

05 如果想調整組織圖左右的版面配置，可以先點選任意圖案 (例如：財務部)，
再執行 SmartArt 工具 > SmartArt 設計 > 建立圖形 > 從右至左 指令。

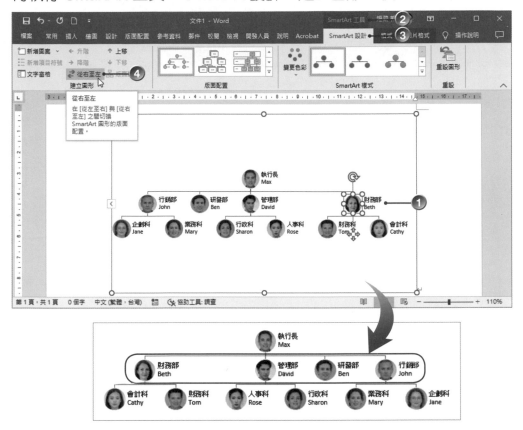

06 第二階目前是「從右至左」排列，點選「研發部」圖案，執行 SmartArt 工具
> SmartArt 設計 > 建立圖形 > 下移 指令，將順序往左移動一個項目。

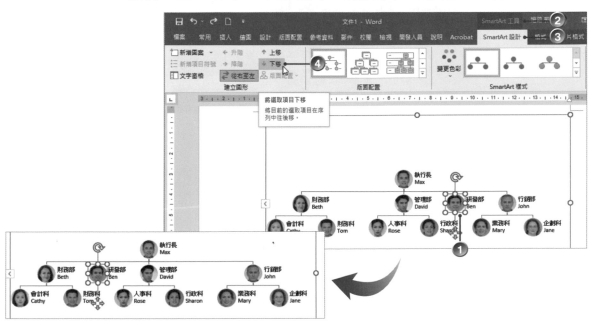

07 若想要變更組織圖整體的版面配置方式，只要先點選組織圖的 繪圖畫布，再點選 SmartArt 工具 > SmartArt 設計 > 版面配置 的 其他 ▼ 鈕，於清單中選擇要套用的版面格式即可。

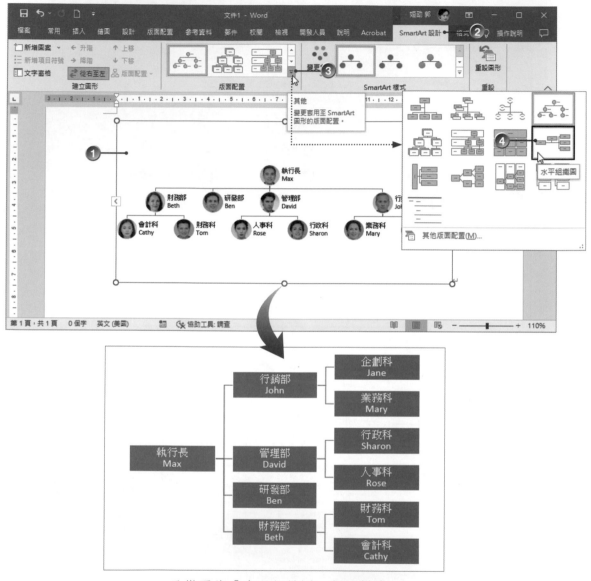

已變更為「水平組織圖」版面樣式

08 如果要提升某一圖案的階層，例如：「會計科」，請先點選該圖案，再執行 SmartArt 工具 > SmartArt 設計 > 建立圖形 > 升階 指令。

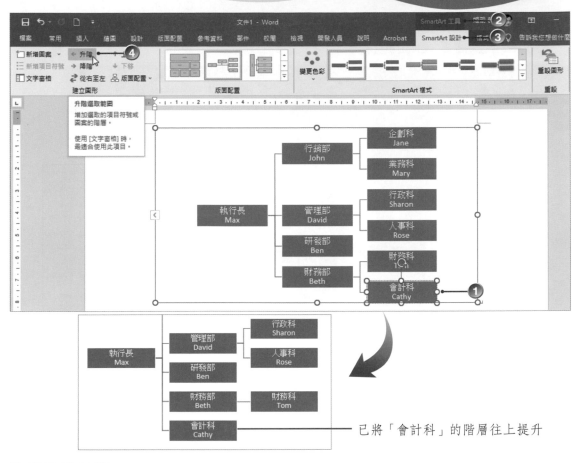

已將「會計科」的階層往上提升

改變整體外觀

產生智慧圖形時會直接套用預設 佈景主題－ Office 的版面配置和格式，您也可以透過 SmartArt 樣式 來變更其外觀格式。

01 點選組織圖的 繪圖畫布，執行 SmartArt 工具 > SmartArt 設計 > SmartArt 樣式 的 其他 鈕，於清單中選擇要套用的樣式。

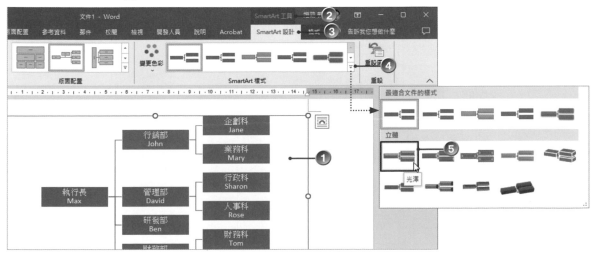

02 接著執行 SmartArt 工具 > SmartArt 設計 > SmartArt 樣式 > 變更色彩 指令，
於清單中選擇要套用的色彩。

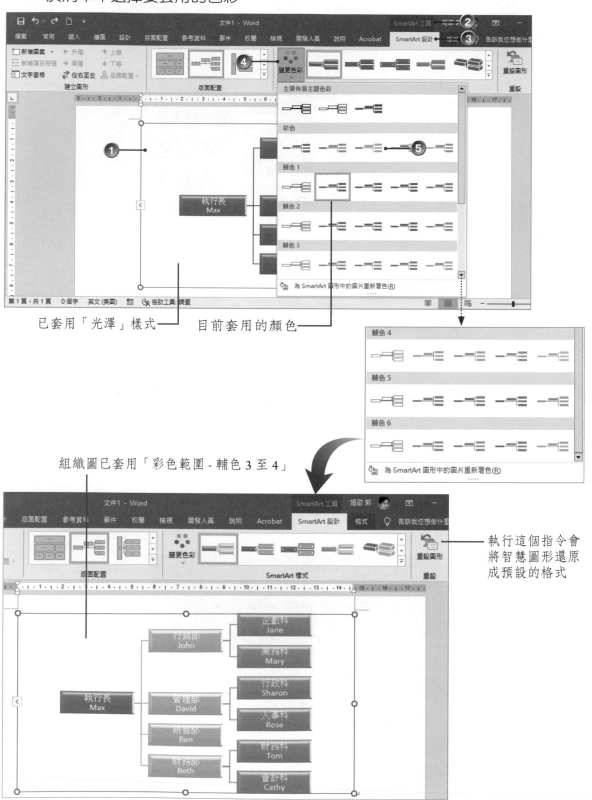

已套用「光澤」樣式

目前套用的顏色

組織圖已套用「彩色範圍 - 輔色 3 至 4」

執行這個指令會
將智慧圖形還原
成預設的格式

> **小叮嚀**
>
> Word 中提供的各種樣式色彩配置，是以 佈景主題 為依據，而預設的 佈景主題 為 Office；你可以執行 設計 > 文件格式設定 > 佈景主題 指令，於清單中選擇要變更的 佈景主題，SmartArt 樣式 與 變更色彩 清單中所提供的配色會自動對應變更。

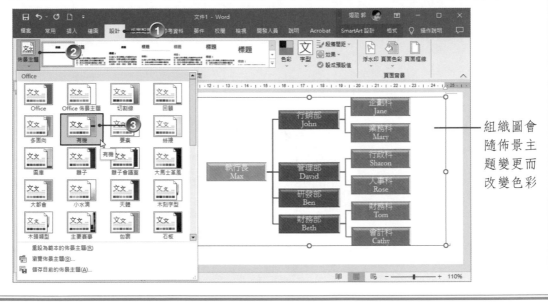

組織圖會隨佈景主題變更而改變色彩

個別圖案的格式化

您可以針對智慧圖形中個別圖案的填滿、線條做格式化設定，圖案中文字的格式化則與一般文字的設定相同。

01 點選智慧圖形中要變更格式的圖案，切換到 SmartArt 工具 > 格式 標籤，圖案樣式 功能區中的相關指令可以針對圖案做 填滿、外框 與 效果 設定。

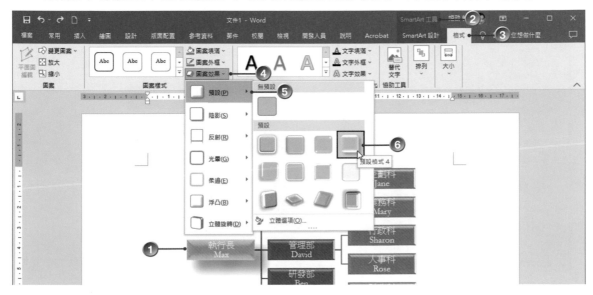

02 文字藝術師樣式 功能區群組中的相關指令，可以針對圖案中的文字做 填滿、
外框 與 效果 設定。

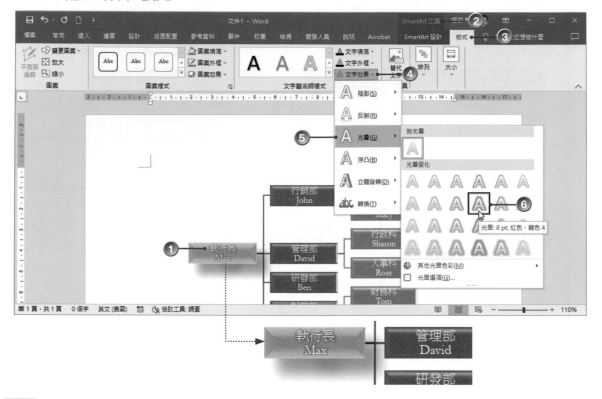

03 點選智慧圖形中要變更格式的圖案，執行 圖案 功能區群組中的相關指令，可
以變更圖案的外形與大小。

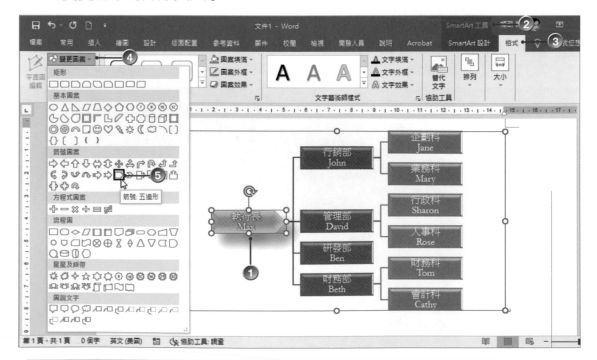

04 點選組織圖的繪圖畫布，可以進行畫布的圖案 填滿、外框 與 效果 設定。

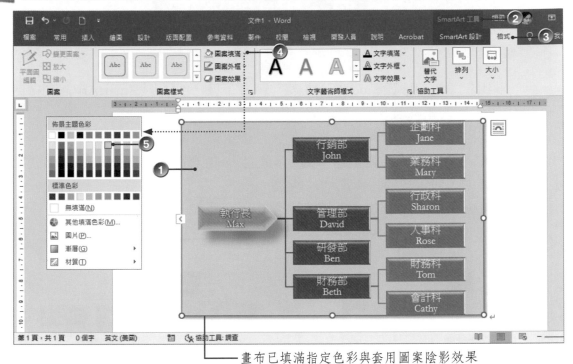

畫布已填滿指定色彩與套用圖案陰影效果

課後練習

實作題

開啟「05_組織圖.docx」檔案,參考下圖,使用「SmartArt」建立自己單位或產品的組織圖。

提示 1:新增圖案,將「版面配置」變更為「階層圖」。

提示 2:變更「佈景主題」為「多面向」,再套用一種「SmartArt 樣式」。

提示 3:設定文字「字型」與「字型大小」。

提示 4:將「繪圖畫布」填滿喜愛的色彩並加上陰影效果。

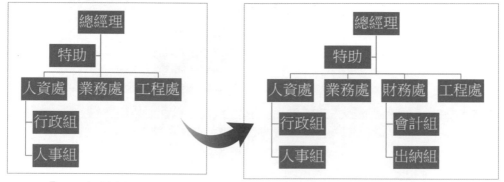

「05_組織圖.docx」

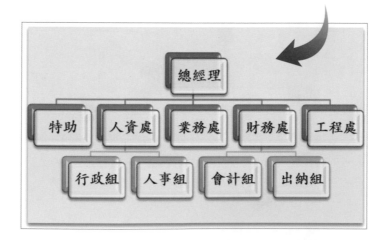

自製廣告 DM

☆ 產生文字藝術師　　　　☆ 物件的對齊與群組

☆ 插入圖片並裁剪　　　　☆ 指定頁面色彩

☆ 影像的去背處理　　　　☆ 列印選項的設定

☆ 編輯文字區端點　　　　☆ 轉存為 PDF

☆ 插入圖片與格式設定

前面單元介紹了使用範本可以快速建立各種類型的文件，不過，靈活的使用 Word 的各種指令與功能，並發揮您的想像與創造力，也可以製作出精彩且獨具風格的設計文案！

產生文字藝術師

01 開啟範例文件「廣告文案 .docx」，文件的 邊界 已設定為 窄，其中的文字內容也設定好字型、大小與色彩。

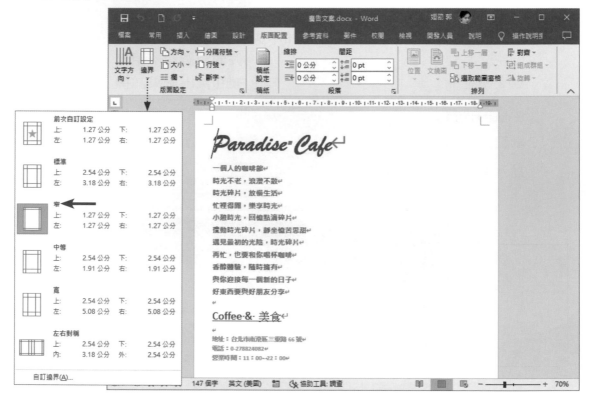

02 選取第一個段落的文字內容（不要選到段落標記），執行 插入 > 文字 > 插入文字藝術師物件 指令，展開清單選擇一種 填滿 為「白色」的樣式。

> **小叮嚀**
>
> 要避免選取到段落標記，請於 檔案 > 選項 > 進階 的 編輯選項 區域中，取消勾選 使用智慧段落選取 核取方塊（預設為勾選）。

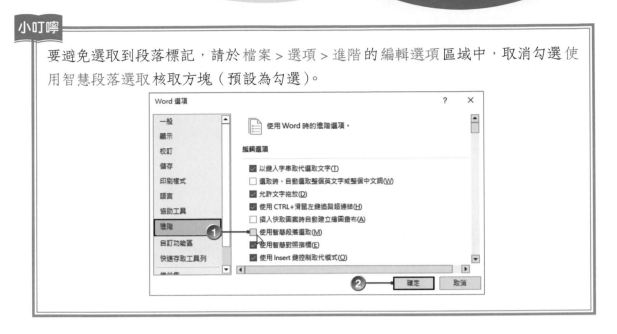

03 產生藝術文字後，點選右側的 版面配置選項 鈕展開清單，改為 與文字排列 的項目（預設為 矩形）。

04 將藝術文字放大為「48」，然後將插入點移到段落標記前方，設定 置中對齊。

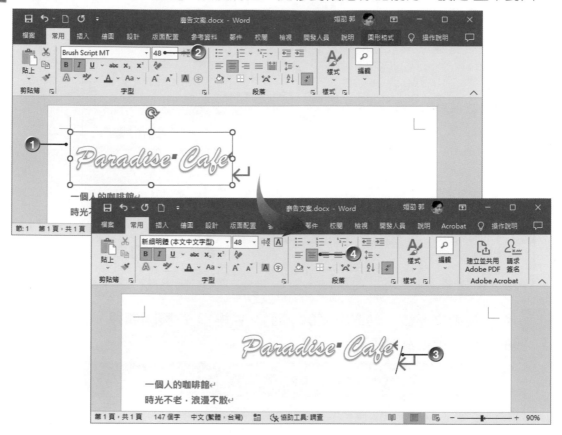

插入圖片並裁剪

01 插入點置於下一個段落的開始處，執行 插入 > 圖例 > 圖片 > 此裝置 指令，找到範例資料夾中的圖片「咖啡杯.png」並插入。

02 展開 版面配置選項 清單，文繞圖 的預設方式為 緊密。

03 執行 圖片工具 > 圖片格式 > 大小 > 裁剪 > 長寬比 指令，選擇「1：1」。

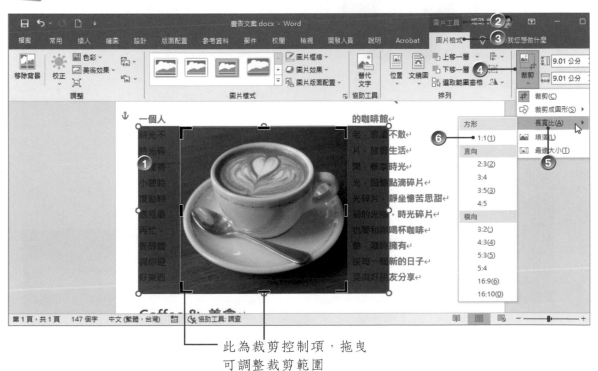

此為裁剪控制項，拖曳
可調整裁剪範圍

影像的去背處理

01 選取圖片，執行 圖片工具 > 圖片格式 > 調整 > 移除背景 指令。

02 圖片上自動標示去除背景的範圍（紫紅色區域），同時會顯示 背景移除 索引標籤，選取 標示要保留的區域 指令，在要保留的區域上點選。

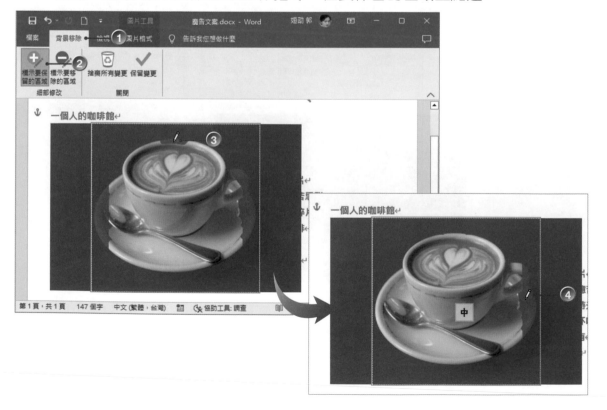

03 完成後執行 背景移除 > 關閉 > 保留變更 指令，即能將指定的圖片「去背」。

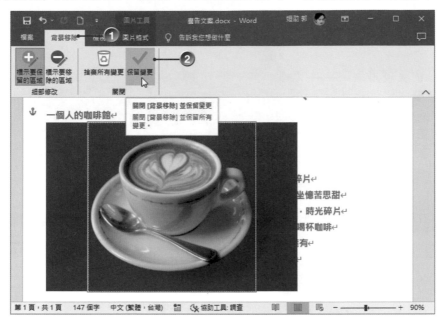

編輯文字區端點

01 將圖片向左側拖曳，對齊在文件左邊界，執行 圖片格式 > 排列 > 文繞圖 > 編輯文字區端點 指令。

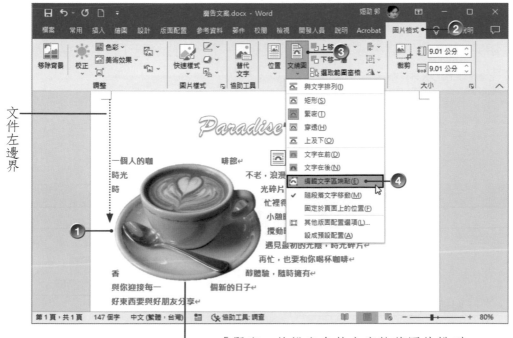

「緊密」的設定會使文字繞著圖片排列

02 圖片周圍出現黑色控制點與紅色的線段。

紅色線段用來
阻隔文字靠近

03 拖曳黑色控制點移動端點位置，使得文字避開紅色線段所圍繞的區域。

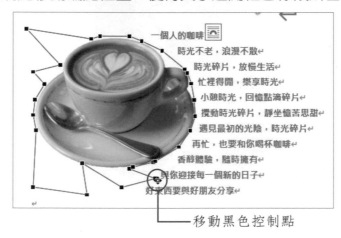

移動黑色控制點

04 編輯完畢按 Esc 鍵，或是在文件區點選一下，可以看到文字段落緊鄰著圖片緊密圍繞的效果。

插入圖片與格式設定

01 將「**Coffee & 美食**」段落文字設為 粗體，再 置中對齊。

02 將插入點移至下個空白段落，再次執行插入圖片的動作，從範例資料夾「圖片」中插入 6 張圖片。

03 以 常用 > 編輯 > 選取 > 選取物件 指令選取 6 張圖片（可按住 Shift 鍵點選），同時指定 圖案高度 為「3 公分」，圖案寬度 也會同步變更為「3 公分」。

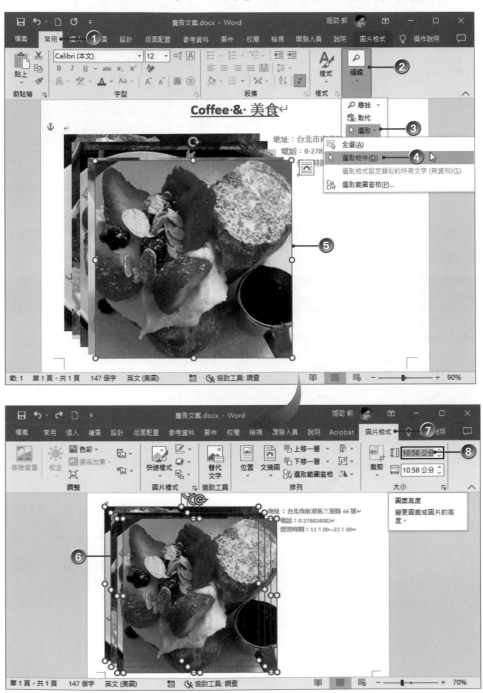

04 拖曳圖片到文件下方的空白處，如下圖所示；選取 6 個圖片，設定一種 快速
樣式。

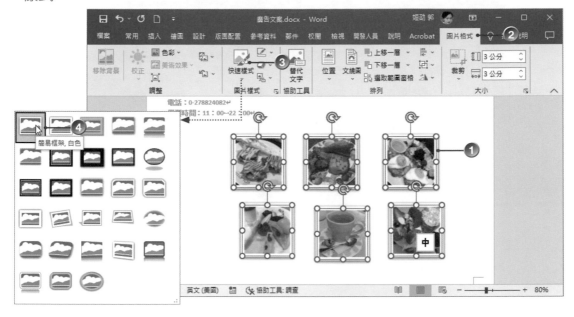

物件的對齊與群組

01 分別選取圖片後執行 圖片工具 > 圖片格式 > 排列 > 對齊 指令，確認已勾選
對齊選取的物件 指令，再進行各種對齊動作。

靠上對齊再
水平均分 7

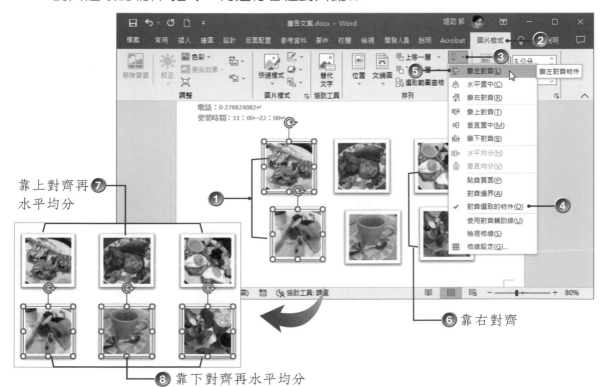

6 靠右對齊

8 靠下對齊再水平均分

02 選取 6 個圖片，將其 組成群組。

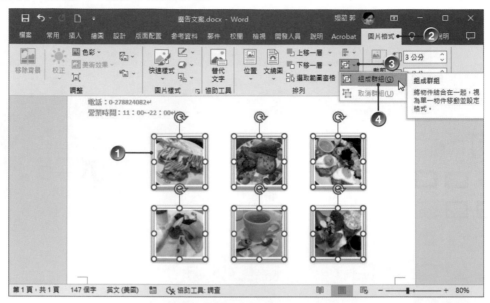

03 選取該群組物件，點選 版面配置選項 鈕展開清單，將 文繞圖 改為 與文字排列 後，執行 常用 > 段落 > 置中對齊 指令。

04 按 Enter 鍵產生空白段落後，將最後的 3 個段落也 置中對齊。

指定頁面色彩

01 執行 設計 > 頁面背景 > 頁面色彩 指令，選擇一種顏色作為背景色彩。

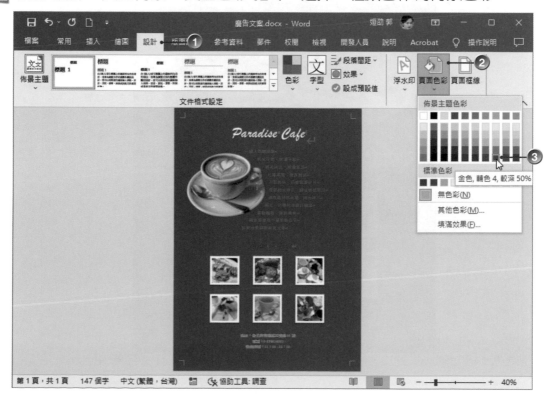

02 將文件中的所有文字色彩都改為 白色，文字藝術師的 文字外框 也設為 白色。

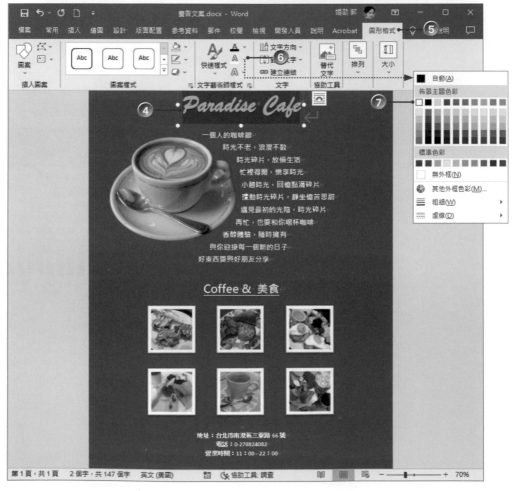

列印選項的設定

01 執行 檔案 > 列印 指令，預設不會列印背景色彩，請執行 檔案 > 選項 指令。

02 在 顯示 > 列印選項 中勾選 ☑ 列印背景色彩及影像 核取方塊，即可列印出背景色彩。

轉存為 PDF

設計好的 DM 可以電子檔的方式傳送給親友，或是輸出印刷，此時建議您將其轉存成 PDF 格式。

01 執行 檔案 > 匯出 > 建立 PDF/XPS 文件 指令，按下【建立 PDF/XPS】鈕。

電腦中有安裝 Adobe Acrobat 軟體時會出現此選項

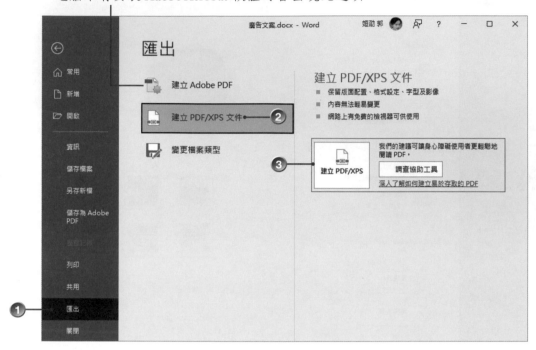

02 出現 發佈成 PDF 或 XPS 對話方塊，選擇儲存位置，輸入 檔案名稱，存檔類型 為「PDF(*.pdf)」，勾選 ☑ 發佈之後開啟檔案 核取方塊，按【發佈】鈕。

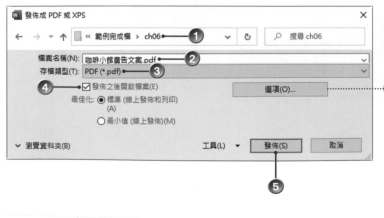

03 若電腦中有安裝 Adobe Reader，就會自動開啟 Adobe Reader 供您檢視發佈結果。接著就可以使用 E-mail 附加檔案的方式傳送出去，或是將 PDF 檔案交給輸出中心列印輸出。

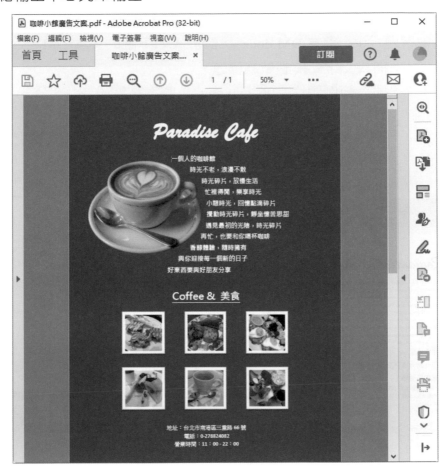

課後練習

實作題

開啟習題「06_ 美食 DM.docx」，設計成如下圖的美食 DM。

提示 1：插入文字藝術師做為標題。

提示 2：插入範例圖片「06_cup.png」，圖案高度設為「5 公分」後去除背景。

提示 3：插入「美食」資料夾中的 4 張圖片，圖案高度設為「5 公分」，套用一種圖片樣式。

提示 4：將結果匯出為 PDF。

Check

Chapter 7

多欄式版面的設計

- 插入文字檔
- 設定段落網底
- 設定字元框線
- 建立多欄式版面
- 設定欄分隔線
- 產生浮水印
- 調整版面邊界

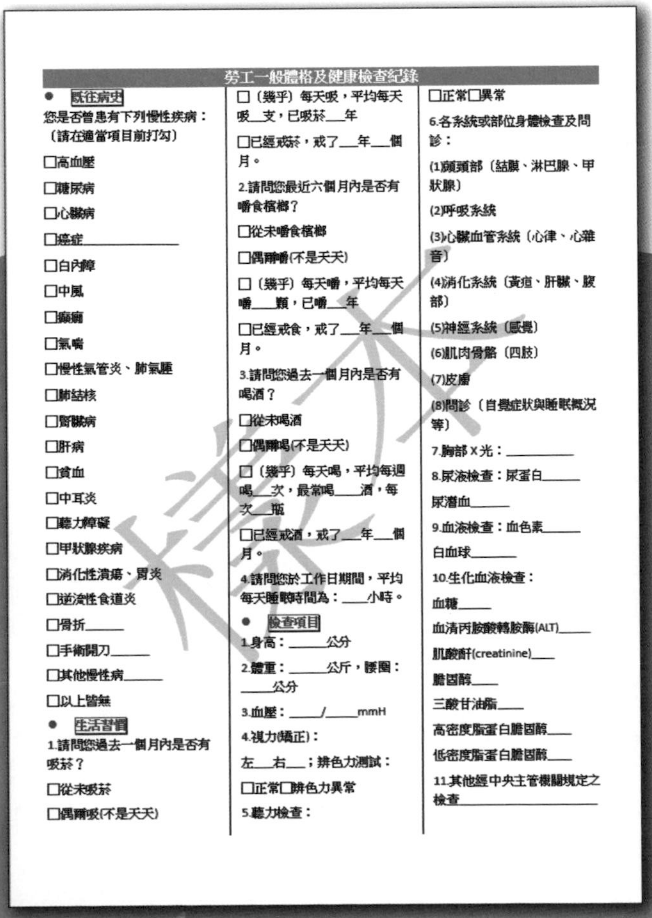

勞工一般體格及健康檢查紀錄

- 既往病史

您是否曾患有下列慢性疾病：（請在適當項目前打勾）

□高血壓

□糖尿病

□心臟病

□癌症____________

□白內障

□中風

□癲癇

□氣喘

□慢性氣管炎、肺氣腫

□肺結核

□腎臟病

□肝病

□貧血

□中耳炎

□聽力障礙

□甲狀腺疾病

□消化性潰瘍、胃炎

□逆流性食道炎

□骨折_____

□手術開刀_____

□其他慢性病_____

□以上皆無

- 生活習慣

1.請問您過去一個月內是否有吸菸？

□從未吸菸

□偶爾吸(不是天天)

□（幾乎）每天吸，平均每天吸__支，已吸菸___年

□已經戒菸，戒了___年___個月。

2.請問您最近六個月內是否有嚼食檳榔？

□從未嚼食檳榔

□偶爾嚼(不是天天)

□（幾乎）每天嚼，平均每天嚼____顆，已嚼___年

□已經戒食，戒了___年___個月。

3.請問您過去一個月內是否有喝酒？

□從未喝酒

□偶爾喝(不是天天)

□（幾乎）每天喝，平均每週喝___次，最常喝____酒，每次___瓶

□已經戒酒，戒了___年___個月。

4.請問您於工作日期間，平均每天睡眠時間為：____小時。

- 檢查項目

1.身高：______公分

2.體重：______公斤，腰圍：_____公分

3.血壓：_____/_____mmH

4.視力(矯正)：

左___右___；辨色力測試：

□正常□辨色力異常

5.聽力檢查：

□正常□異常

6.各系統或部位身體檢查及問診：

(1)頭頸部（結膜、淋巴腺、甲狀腺）

(2)呼吸系統

(3)心臟血管系統（心律、心雜音）

(4)消化系統（黃疸、肝臟、腹部）

(5)神經系統（感覺）

(6)肌肉骨骼（四肢）

(7)皮膚

(8)問診（自覺症狀與睡眠概況等）

7.胸部 X 光：__________

8.尿液檢查：尿蛋白_____

尿潛血_____

9.血液檢查：血色素_____

白血球______

10.生化血液檢查：

血糖_____

血清丙胺酸轉胺酶(ALT)_____

肌酸酐(creatinine)____

膽固醇____

三酸甘油脂____

高密度脂蛋白膽固醇____

低密度脂蛋白膽固醇____

11.其他經中央主管機關規定之檢查________________

在 Word 中處理「多欄式」版面的內容可以有二種方式，一種是利用表格欄位將內容分欄放置，稱為「平行式多欄」，每一欄的內容各自獨立、互不影響。第二種分欄則是將文字段落由第一欄依序至第二、三…欄排列，這種方式稱為「蛇行式多欄」，文字段落的內容會因增減而影響其所在欄的位置，這種版面常見於雜誌、報紙…等刊物類型的文件，這也是本單元所要介紹的方式。

插入文字檔

01 啟動 Word 後開啟空白文件，執行 插入 > 文字 > 物件 > 文字檔 指令。

02 找到範例資料夾中的「07_健康檢查紀錄表_文字內容.docx」，按【插入】鈕。

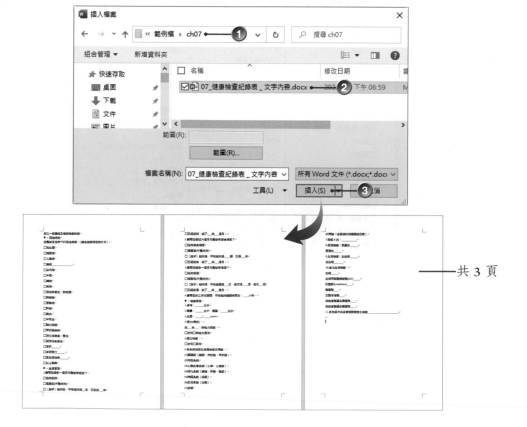

共 3 頁

設定段落網底

01 選取標題段落，執行 常用 > 段落 > 框線 指令，展開清單選擇 框線及網底 指令。

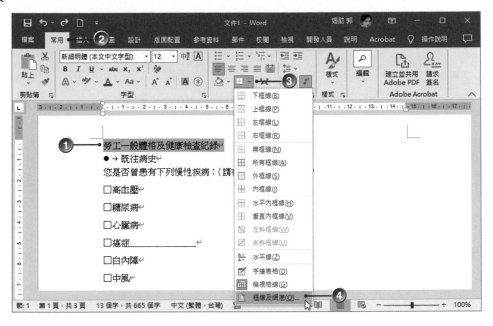

02 開啟 框線及網底 對話方塊，切換到 網底 標籤，選擇一種 填滿 色彩，套用至 選擇 段落，按【確定】鈕。

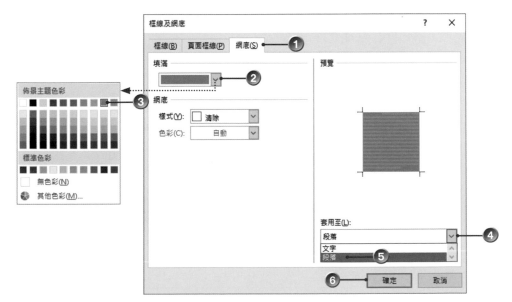

03 接著設定 粗體、放大字型 為「14」、字型色彩 為 白色，再 置中對齊，然後執行 常用 > 段落 > 行距與段落間距 > 行距選項 指令。

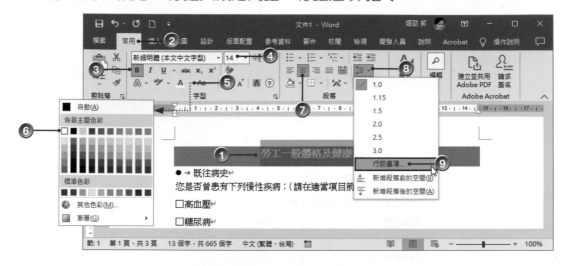

04 開啟 段落 對話方塊，取消勾選 段落間距 中的 □ 文件格線被設定時，貼齊格線 核取方塊，按【確定】鈕。

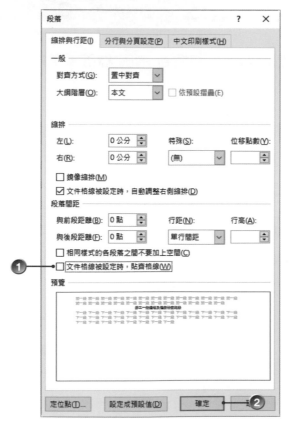

設定字元框線

01 選取下方的項目符號段落,設定 粗體 與 字型色彩。

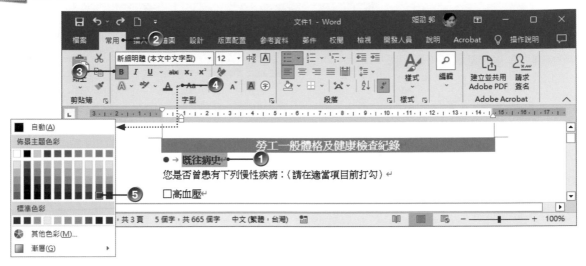

02 接著快按二下 複製格式 指令,將文件中另二個項目符號段落也設定為相同的格式,不再使用 複製格式 指令請按 Esc 鍵。

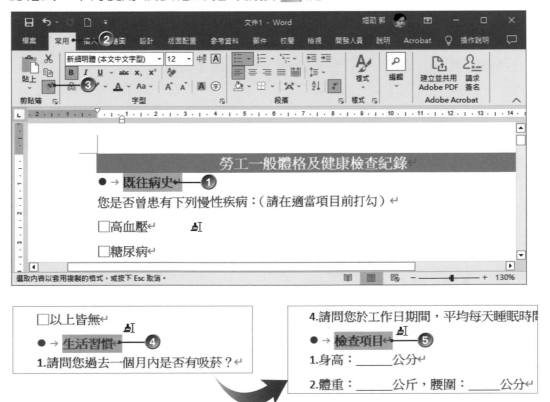

03 拖曳選取第一個項目符號段落的文字部分（不包含段落標記），執行 常用 >
段落 > 框線 > 框線及網底 指令。

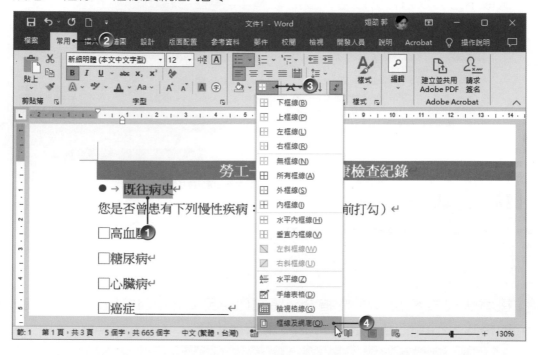

04 開啟 框線及網底 對話方塊並位在 框線 標籤，設定 選擇 陰影，色彩 指定與
步驟 1 相同的顏色，套用至 選擇 文字，按【確定】鈕。

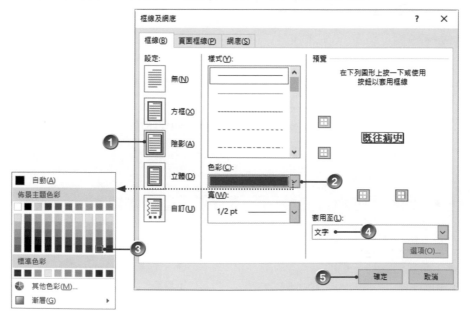

05 再以 複製格式 指令，將步驟 4 設定的框線格式，複製到另外二個項目符號段落的文字上。

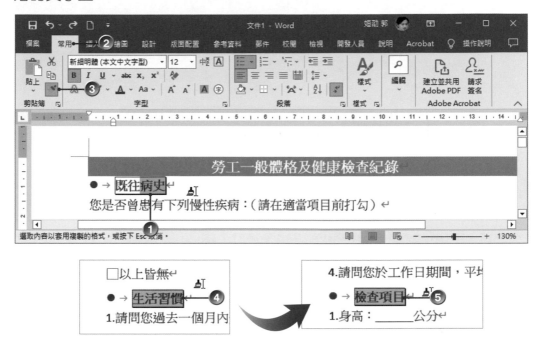

建立多欄式版面

01 插入點移至第二個段落開開始處，按 Ctrl + Shift +End 鍵選取除了標題段落以外的所有內容。

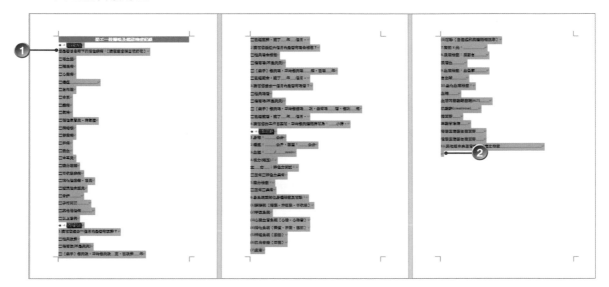

02 執行 版面配置 > 版面設定 > 欄 指令，於清單中選擇欄數，例如：三。

03 選取的內容就會分成三欄顯示。

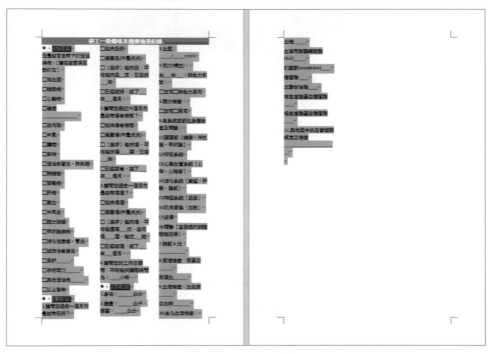

小叮嚀

執行「分欄」動作時，Word 會在選取文字範圍的前後，自動插入「分節符號（接續本頁）」的分隔符號，由於本文中是選取標題段落以外的所有內容，因此只會在選取內容的前方插入一個「分節符號（接續本頁）」的分隔符號，使文件成為 2 節。此分隔符號為「非列印字元」，列印時不會顯示出來，點選 常用 > 段落 > 顯示 / 隱藏編輯標記指令，可隱藏或顯示此提示文字。

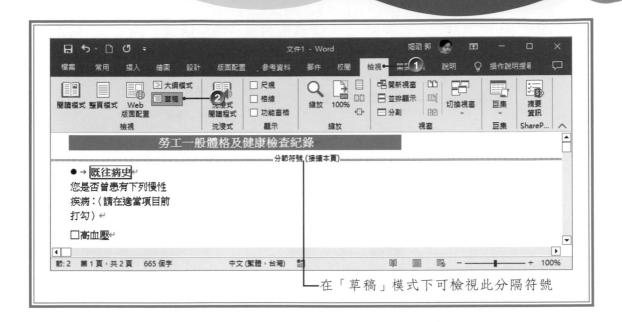

在「草稿」模式下可檢視此分隔符號

設定欄分隔線

為了讓文件的分欄狀況更明顯，我們可以再加上欄分隔線：

01 插入點移至任一欄的任意處，執行 版面配置 > 版面設定 > 欄 > 其他欄 指令。

從尺規上可以檢視每一欄的寬度

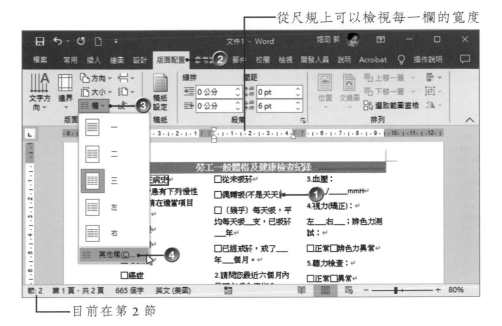

目前在第 2 節

02 開啟 欄 對話方塊，勾選 ☑ 分隔線 核取方塊，按【確定】鈕。

欄的格式 ——
目前的欄數 ——
每一欄都等寬 ——

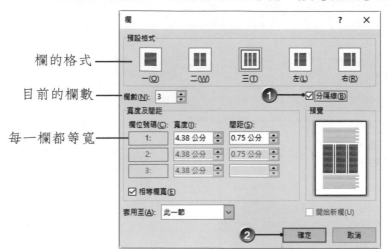

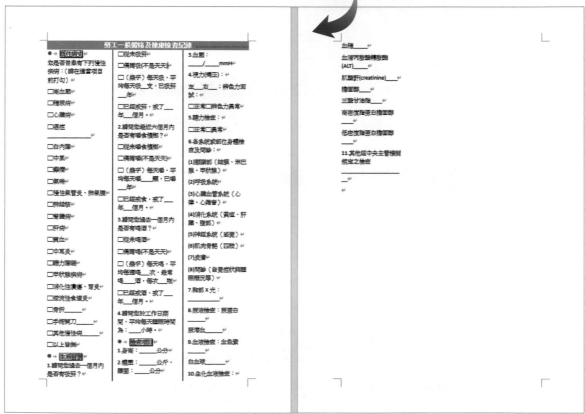

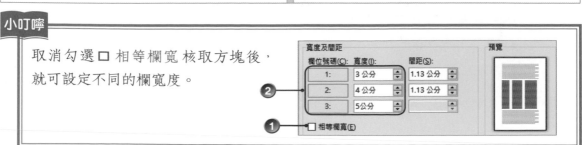

產生浮水印

01 插入點置於任一欄中，切換到 設計 索引標籤，執行 頁面背景 > 浮水印 指令，展開清單選擇一種預設樣式。

02 文件的 2 頁都會顯示浮水印。

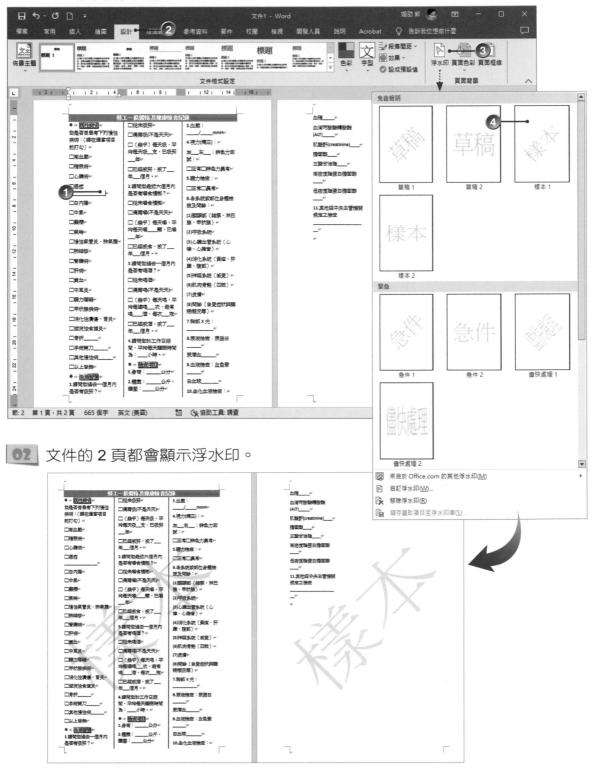

小叮嚀

執行 設計 > 頁面背景 > 浮水印 > 移除浮水印 指令即可將浮水印取消；執行 設計 > 頁面背景 > 浮水印 > 自訂浮水印 指令，可以使用圖片或自訂浮水印的文字內容。

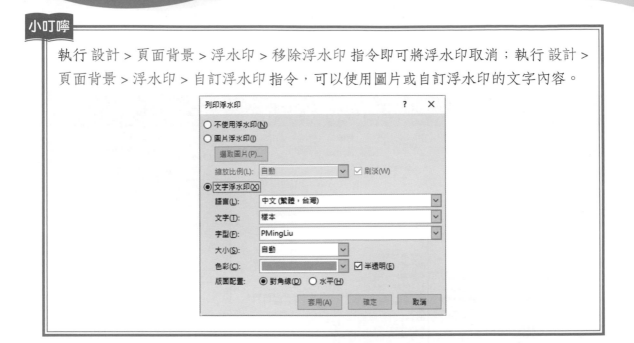

調整版面邊界

　　由於文件超出頁的內容不多，我們可以藉由調整邊界值，將文件縮減成一頁。不過文件已分成 2 節，因此執行變更時要套用在整份文件。

01 點選 版面配置 > 版面設定 的對話方塊啟動器鈕 。

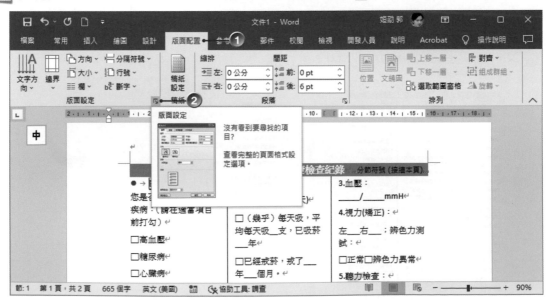

02 開啟 版面設定 對話方塊並位在 邊界 標籤，將 邊界 中的 上、下、左、右 都改為「1.3 公分」，套用至 選擇 整 份文件，按【確定】鈕。

03 接下來可以將檔案命名儲存。

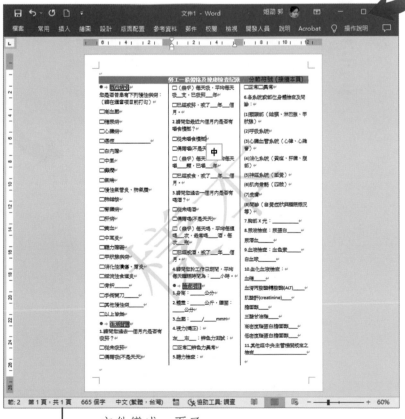

文件變成一頁了

課後練習

實作題

開啟本單元的習題範例「07_出國行李檢查表.docx」，參考本單元的作法，完成如下圖的結果。

提示1：標題段落加上網底，4個項目符號段落加上粗體和色彩。

提示2：將內容分成三欄並加上分隔線。

提示3：將紙張改為「A5」大小，上、下邊界為「2公分」，左、右邊界為「1.5公分」，最後加上浮水印。

Check

合併列印研習證書

☆ 合併列印的三部曲
☆ 合併列印信件
☆ 合併列印郵寄標籤

研·習·證·書↵

姓名：《姓名》　　　　　→　　　科系：《科系》↵
出生日期：《出生日期》　　　→　　　身份證號：《身份證字號》↵
參加本公司舉辦之「辦公室軟體 Microsoft·《軟體》種子學員培訓研習營」，↵
共計·《時數》小時研習時數。↵

特頒此證↵

↵

菁英專業電腦培訓計劃處↵

中　華　民　國　１１２年　０９　月　２２　日↵

周玉芬 台北市內湖區新明路 174 巷 9 號 02-79526884	林芳安 台北市南港區成功路 1 段 80 號 1F 02-65182886	陳東明 台北市金山南路 3 段 59 號 02-79526883
劉奇鎮 台北市南港路 3 段 50 巷 7 號 5 樓 02-78824081	朱少瑄 台北市石牌路 1 段 211 號 02-65182884	方智城 台北市復興路 1 段 476 巷 43 號 3 樓 02-78824082
曾國龍 台北市南港區舊莊里舊莊街 5 段 100 號　　　02-29723695	何珉新 台北市南京東路 4 段 56 巷 11F 02-57963632	丁強昇 台北市市府路 467 號 16 樓 02-83454053

我們經常要處理所謂的「一對多」文件，例如：有封邀請函想同時寄送給不同的收件人、一份會議記錄要同時發給不同的單位、列印感謝狀或證書…。針對這類型的文件需求，可以使用 Word 中 合併列印 的功能輕鬆完成。

合併列印的三部曲

執行合併列印程序時，需要使用 主文件、資料檔案 和 合併欄位 三個基本元件。

❖ 主文件：是指有標準化的內容，包含文字和圖片，如此每份文件的合併結果才會一致。這個單元所使用的主文件是「08_ 研習證書 .docx」。

❖ 資料檔案：是指合併對象的資料，例如：姓名、地址、帳號…等，以資料庫形式存在的檔案，可以擷取 Excel 工作表、Access 資料表或查詢中的資料做為來源。這個單元所使用的範例是「研習營學員名冊 .xlsx」。

❖ 合併欄位：是指「合併功能變數」，用來指定「資料檔案」中的資料，要放在「主文件」中的哪個位置，功能變數的結果會隨著「資料檔案」中的料資而異。

以括號「《 》」呈現的合併欄位是「功能變數」，選取時預設會以灰網底顯示

合併列印信件

「信件」類型的文件是最常使用的「合併列印」方式,這個「信件」只是一個通稱,主文件的內容可以不一定是信件。

01 執行 檔案 > 開啟舊檔 指令,開啟範例檔案「08_ 研習證書 .docx」;執行 郵件 > 啟動合併列印 > 啟動合併列印 > 逐步合併列印精靈 指令。

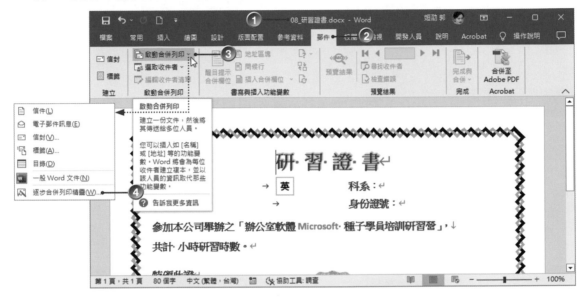

02 開啟 合併列印 工作窗格,預設的文件類型為 ⊙ 信件,點選 下一步:開始文件 指令。

03 選取開始文件 採用預設值 ⊙ 使用目前文件 選項，按 下一步：選擇收件者。

可開啟其他現有的文件

04 選取收件者 採用預設的 ⊙ 使用現有清單 選項，按 瀏覽 指令。

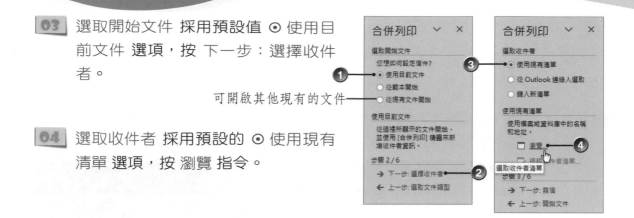

05 出現 選取資料來源 對話方塊，找到範例資料檔案的存放路徑，點選要使用的檔案「研習營學員名冊 .xlsx」，按【開啟】鈕。

預設會位在此路徑

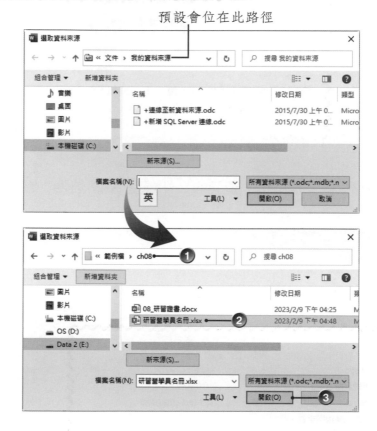

06 出現 選取表格 對話方塊，選取資料所在的工作表，例如：第一梯，按【確定】鈕。

會自動勾選 —

07 開啟 合併列印收件者 對話方塊，出現資料檔案中的所有記錄明細；此時，若有某些學員不要列印證書，只要取消勾選前方的核取方塊即可，設定妥當之後，按【確定】鈕。

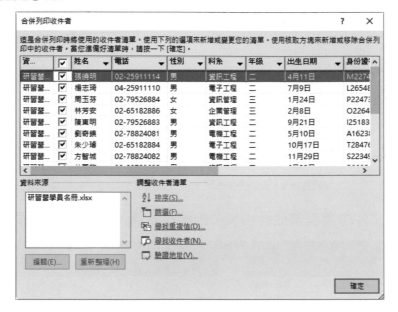

08 回到主文件中，按一下 合併列印 工作窗格中的 下一步：寫信 指令。

09 預備在主文件中插入「合併欄位」。先將插入點游標移到要產生 合併欄位 的位置,再執行 郵件 > 書寫與插入功能變數 > 插入合併欄位 指令,於清單中選擇「姓名」欄位。

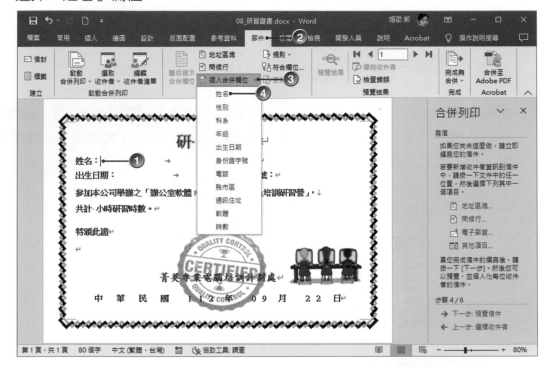

10 如果主文件中還有其他合併欄位的資料要插入,請重複步驟 9。

顯示「合併欄位」功能變數

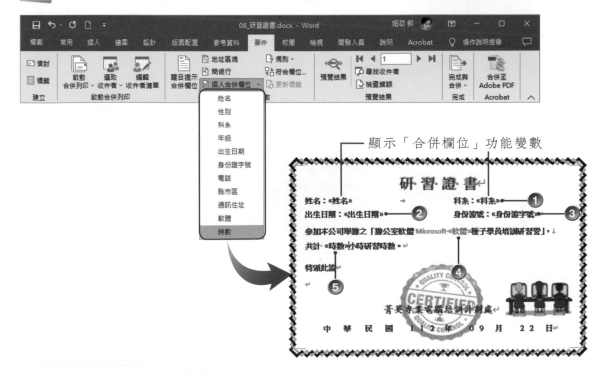

11 再視需要將合併欄位格式化。

以「複製格式」指令複製格式

12 插入合併欄位 的工作完成後，按一下 合併列印 工作窗格中的 下一步：預覽信件 指令。

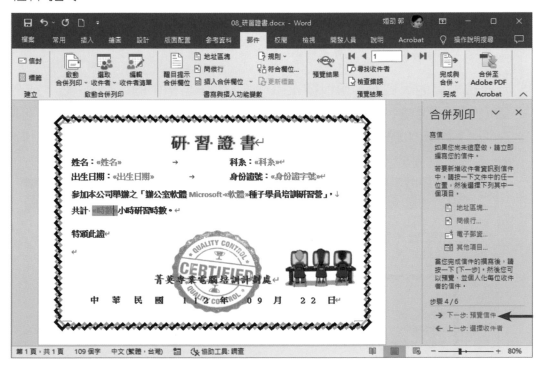

小叮嚀

完成 插入合併欄位 的工作後，請先執行 另存新檔 指令，將主文件先行儲存。本例中將其另存為「08_研習證書_合併欄位.docx」。

13 會自動開啟 郵件 > 預覽結果 功能區群組中的 預覽結果 指令，並將合併之後的第一筆記錄顯示在主文件中。

插入「合併欄位」的位置已被資料檔案中的指定資料所取代

14 若要檢視其他筆資料，可以按 合併列印 工作窗格中的 ⟨⟨ 、 ⟩⟩ 鈕；或在 預覽結果 功能區群組中執行 前一筆記錄 ◀ 、下一筆記錄 ▶ 等指令，也可以直接在 記錄 方塊中輸入要瀏覽的編號。檢視完畢，按一下 合併列印 工作窗格中的 下一步：完成合併 指令。

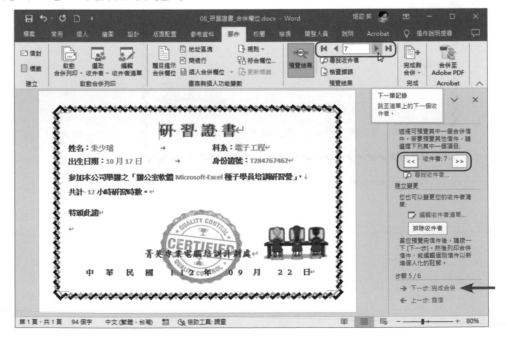

15 按一下 合併列印 工作窗格中的 列印 指令，可以直接列
印所有合併後的文件；如果按 編輯個別信件 指令，則會
出現 合併到新文件 對話方塊，預設值為 ⊙ 全部 選項，
會將全部的記錄合併到新文件，按【確定】鈕。

16 Word 會自動產生一份新文件－「信件 N」，並以「分節符號 (下一頁)」分隔
每一份信件，每一份都由新一頁起始。

共 15 筆資料，所以有 15 節、15 頁

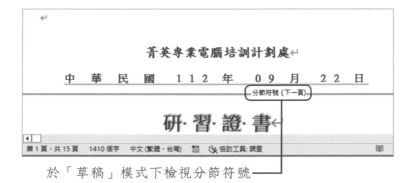

於「草稿」模式下檢視分節符號

小叮嚀

執行合併列印的過程中,可以隨時回到前面步驟更改相關設定。已經插入合併欄位的主文件,與資料檔案 (來源) 之間會有「連結」關係,若想將該份主文件恢復成一般 Word 文件,請執行 郵件 > 啟動合併列印 > 啟動合併列印 > 一般 Word 文件 指令。

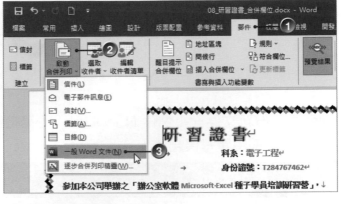

合併列印郵寄標籤

使用「合併列印」功能列印郵件標籤的操作方式,基本上與合併列印信件相同,這個例子我們同樣是使用「研習營學員名冊 .xlsx」檔案中的資料,列印出所需的郵寄標籤。

01 新增一空白文件,執行 郵件 > 啟動合併列印 > 啟動合併列印 > 標籤 指令。

02 出現 標籤選項 對話方塊，選擇要使用的 標籤廠商 和 標籤編號，按【確定】
鈕。

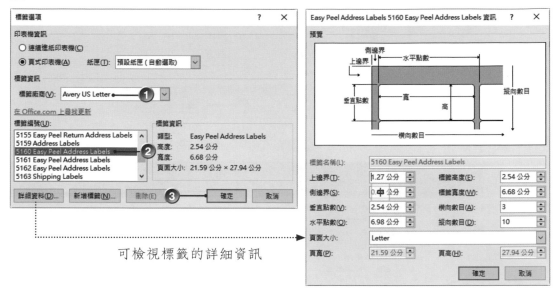

可檢視標籤的詳細資訊

03 執行 郵件 > 啟動合併列印 > 選取收件者 > 使用現有清單 指令。

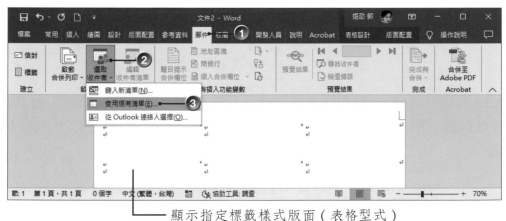

顯示指定標籤樣式版面 (表格型式)

04 出現 選取資料來源 對話方塊，找到「資料檔案」的存放路徑，點選之後按
【開啟】鈕。

05 出現 選取表格 對話方塊，選取資料所在的工作表，按【確定】鈕。

06 執行 郵件 > 啟動合併列印 > 編輯收件者清單 指令。

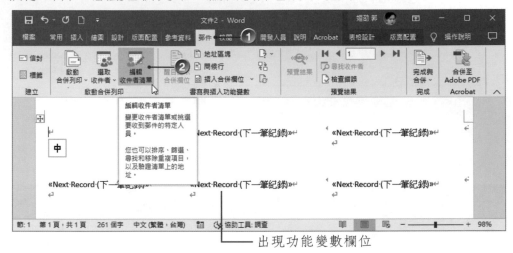

出現功能變數欄位

07 出現 合併列印收件者 對話方塊，由於只要印出「縣市區」位於「台北市」的郵寄標籤，所以點選 縣市區 欄位右側的展開 ▾ 鈕，選擇 台北市，按【確定】鈕。

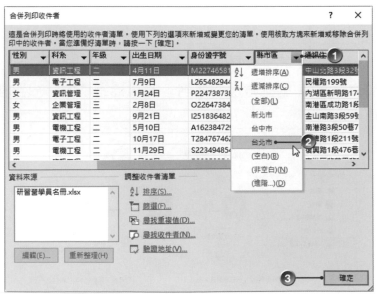

08 插入點游標目前位於表格的第一個儲存格中，執行 郵件 > 書寫與插入功能變數 > 插入合併欄位 指令，於清單中選擇要插入的資料欄位－姓名。

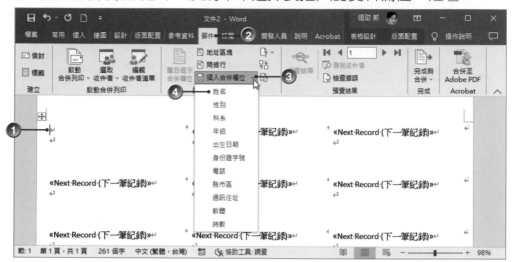

09 重複步驟 8，繼續插入所需的資料欄位，並視需要格式化；再執行 郵件 > 書寫與插入功能變數 > 更新標籤 指令，將第一張標籤的內容複製到頁面上所有標籤。

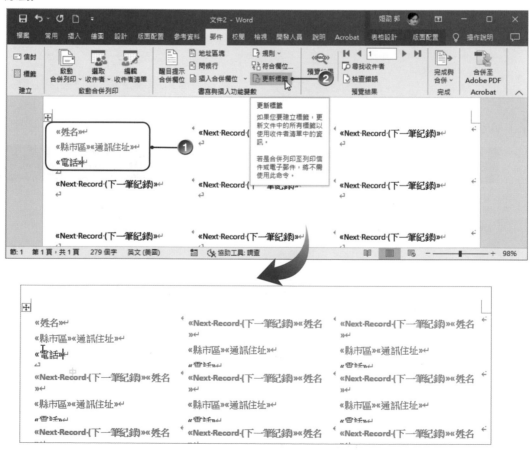

10 先執行 郵件 > 預覽結果 > 預覽結果 指令，預覽合併列印的結果；再執行 郵件 > 完成 > 完成與合併 > 編輯個別文件 指令。

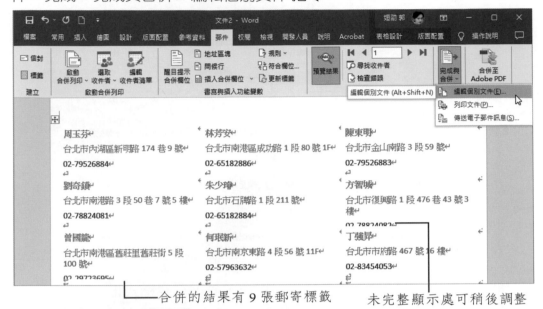

合併的結果有 9 張郵寄標籤　　　　未完整顯示處可稍後調整

11 出現 合併到新文件 對話方塊，採預設選項 ⊙ 全部，按【確定】鈕。

12 Word 會自動產生一份新文件－「標籤 N」，可以 另存新檔 供日後使用。

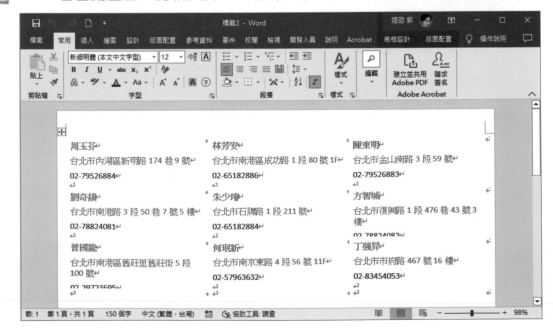

13 此時可以微調部份未完整顯示內容的標籤格式，例如：縮小字型。

14 由於標籤是表格的形式，因此可以套用表格格線的樣式，方便列印後裁切。

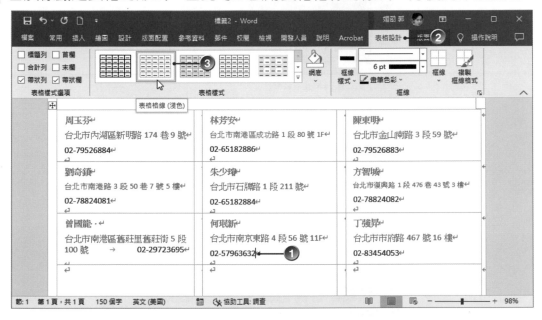

15 執行 檔案 > 列印 指令，完成列印相關設定，即可印出郵寄標籤。

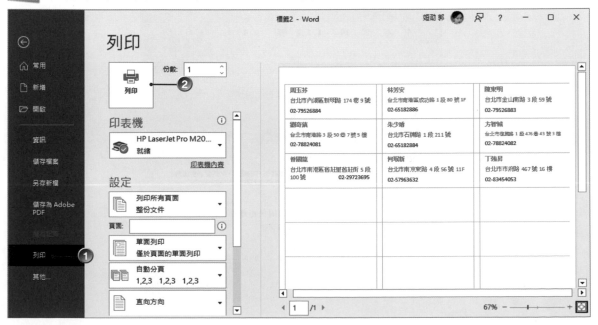

課後練習

實作題

下圖是「感謝狀」（08_感謝狀.docx）主文件，請使用「合併列印」功能完成「志工隊名單.xlsx」中所有志工「感謝狀」的製作。

主文件 ——

Chapter 9

製作專題報告

- ☆ 建立樣式
- ☆ 套用樣式
- ☆ 插入封面頁
- ☆ 頁首與頁尾
- ☆ 插入分頁
- ☆ 插入超連結
- ☆ 產生目錄
- ☆ 儲存至雲端空間 OneDrive

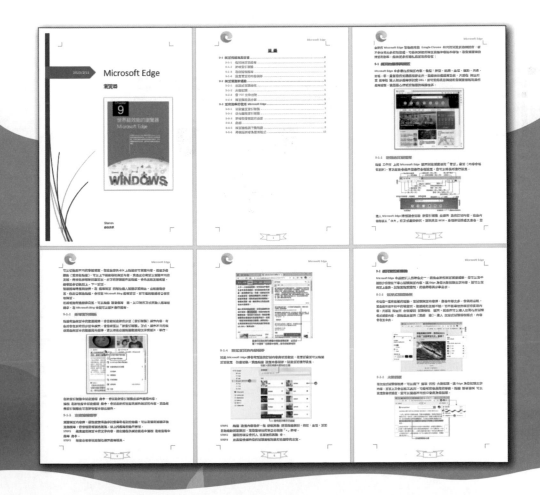

Word 是處理長文件的最佳工具，舉凡論文、報告或書籍的編排，透過專業的輔助工具，可以幫助您建立各種類型的長文件。本單元將引導您逐步完成長文件中的基本元素，例如：新增樣式、插入封面頁、處理頁首 / 頁尾、插入分頁及產生目錄。

建立樣式

使用「樣式」可以節省文字的字元與段落的格式化時間，除了套用 Word 預設的樣式項目外，我們可以新增符合文件需求的樣式並套用。

01 開啟範例檔案「第九章 Micorsoft Edge.docx」，這是一份包含圖文的文件，其中有部份段落已經格式化。

點選可開啟「樣式」工作窗格

此段落的
字型色彩

這 2 個標題
已格式化

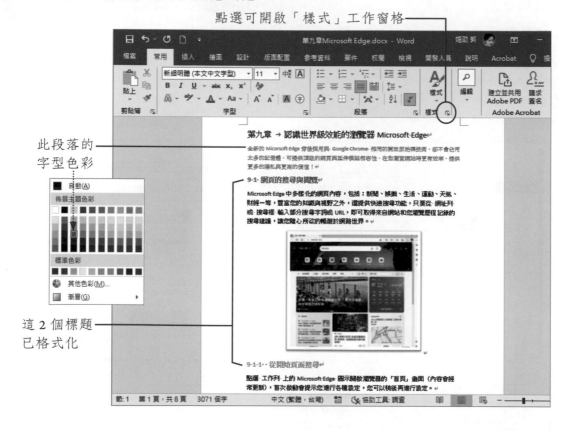

小叮嚀

內建的樣式位在 常用 > 樣式群組中，開啟新文件時，預設會套用「內文」樣式。

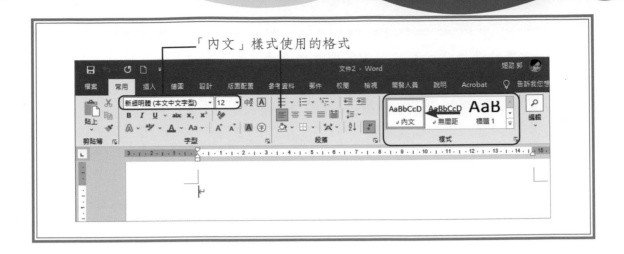

「內文」樣式使用的格式

02 選取要建立樣式的段落，點選 常用 > 樣式 的 其他 ⊟ 鈕，展開清單選擇 建立樣式 指令。

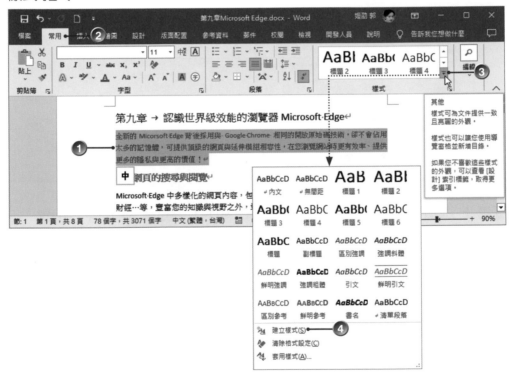

03 輸入自訂樣式的 名稱，按【確定】鈕。

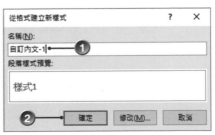

小叮嚀

● 若要修改樣式的格式，或是變更樣式的類型，請按步驟 3 圖中的【修改】鈕，展開對話方塊進行設定。

● Word 中可新增多種類型的樣式，最常使用的是「字元」和「段落」樣式。

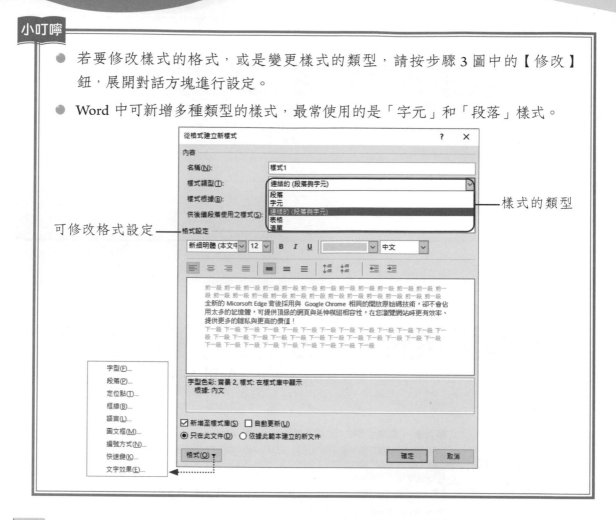

可修改格式設定

樣式的類型

04 重複上述步驟，分別選取「9-1」和「9-1-1」的標題段落，新增「自訂標題 -1」和「自訂標題 -2」的段落樣式。

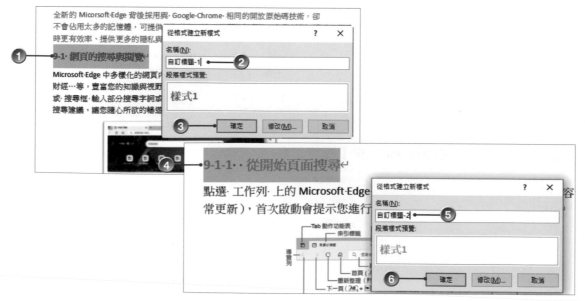

套用樣式

01 點選 常用 > 樣式 的 樣式 對話方塊啟動器鈕 ⬛，展開工作窗格，清單中會顯示前面所新增的 3 種段落樣式，插入點所在處會顯示目前所套用的樣式。

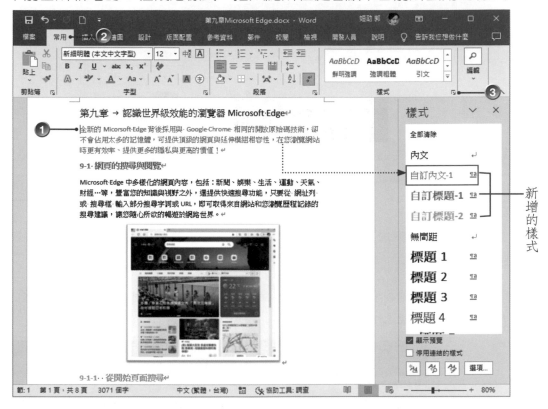

02 將插入點置於要套用段落的任意處，或是選取多個要設定的段落（按住 Ctrl 鍵複選），點選 樣式 清單中的樣式名稱即可套用。

03 重複步驟 2，將整份文件的段落都套用適當的自訂樣式。

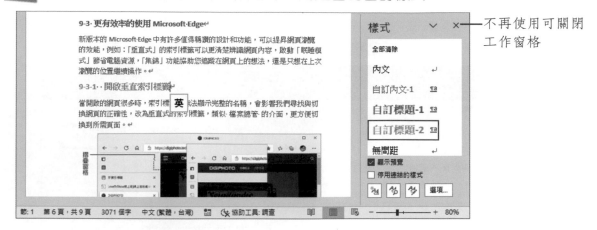

插入封面頁

「封面」是製作報告、論文…等長文件時不可或缺的頁面，Word 可以快速產生美侖美奐的封面頁。

01 執行 插入 > 頁面 > 封面頁 指令，清單中有多種 Word 內建的精美封面頁，選擇一個適合的題材類型。

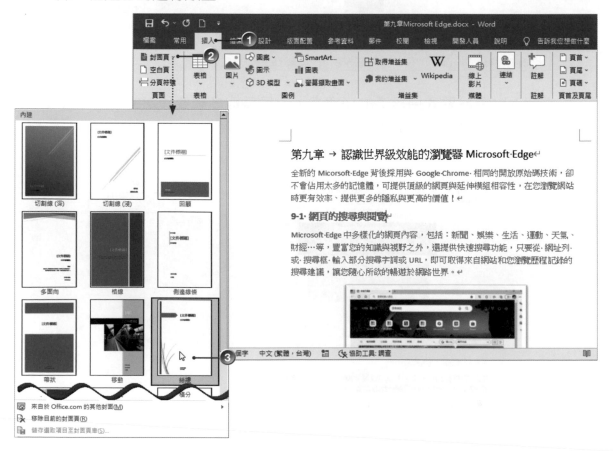

02 Word 會自動在文件的首頁前方加上「封面」頁。

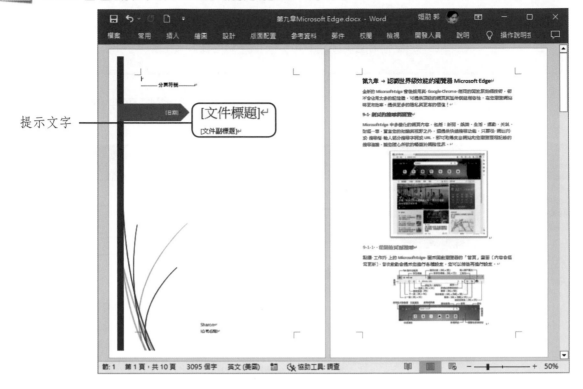

提示文字

03 點選封面頁中有出現「提示文字」的 控制項 欄位，「提示文字」會「反白」顯示，你可以輸入需要的文字內容予以取代。

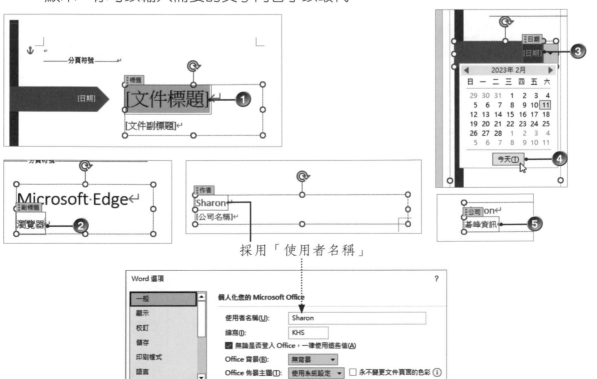

採用「使用者名稱」

> **小叮嚀**
>
> 封面頁上的文字內容可以視需要自行格式化，例如：變更字型、字型大小、字型色彩…等，也可以點選不需要的控制項，按 `Delete` 鍵將其刪除。

04 執行 插入 > 圖例 > 圖片 > 此裝置 指令，插入範例資料夾中的圖片「pic-1.jpg」。

05 圖案高度 指定為「12 公分」，文繞圖 改為 文字在後，移動到頁面的中間位置，再執行 圖片格式 > 調整 > 美術效果 指令，選擇一種效果套用。

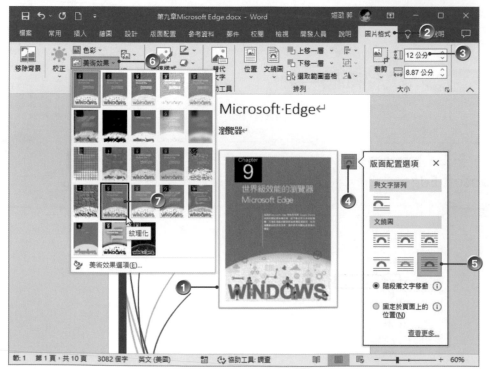

06 將下一頁的段落內容「第九章…」選取後刪除。

頁首與頁尾

當文件的內容超過一頁以上時，最好替文件編上「頁碼」，以利編輯或閱讀。「頁碼」可以在 頁首 或 頁尾 區域產生，但是除了頁碼之外，還可以在該區域插入圖片或文字…等內容。請注意！「頁首」與「頁尾」區域中的所有內容，會重複出現在文件中同一「節」的每一頁。

01 延續上述操作，目前文件共有 10 頁、1 節，執行 插入 > 頁首及頁尾 > 頁碼 > 頁面底端 指令，於清單中選擇要使用的頁碼樣式。

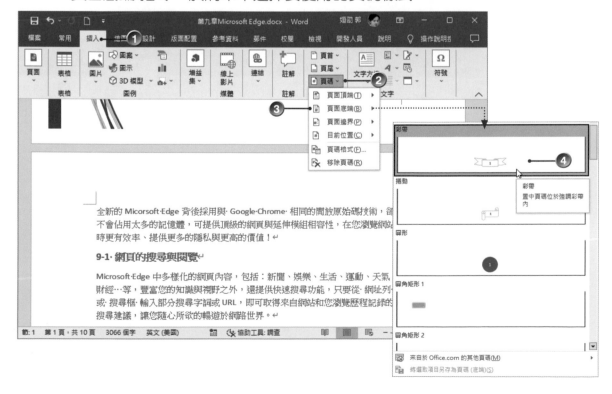

02 自動進入 頁尾 編輯區，同時產生頁碼，也會出現 頁首及頁尾工具 關聯式索引標籤。

因為有「封面」頁，所以會自動勾選「第一頁不同」核取方塊

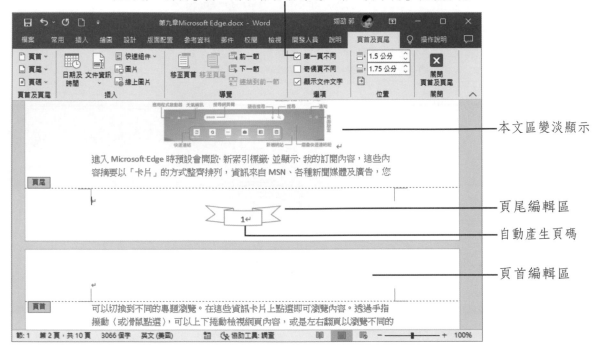

本文區變淡顯示

頁尾編輯區

自動產生頁碼

頁首編輯區

03 執行 頁首及頁尾工具 > 導覽 > 移至頁首 指令，切換到 頁首 編輯區；接著，使用 頁首及頁尾工具 > 插入 功能區群組中的相關指令，插入各種物件，並視需要進行格式化。

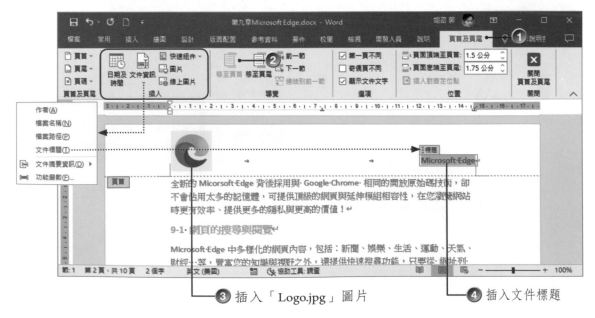

❸ 插入「Logo.jpg」圖片

❹ 插入文件標題

04 視需要可以切換至 頁尾 區域，做相關設定；完成之後執行 頁首及頁尾工具 > 關閉 > 關閉頁首及頁尾 指令回到文件中，這時，除了封面頁之外，文件中的每一頁的頁首及頁尾區域都會產生相同的內容。

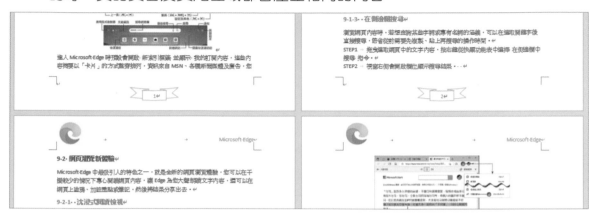

插入分頁

文件會自動依照版面設定編排內容，在編輯文件時，可隨時留意頁面中文字與圖片的排列情形，適時的調整圖片的大小，有時候可視版面需要，在適當的位置進行「分頁」。

01 捲動頁面至第 6 頁下方（頁碼顯示為「5」），將插入點置於「9-3…」標題前方，執行 插入 > 頁面 > 分頁符號 指令，或按下 Ctrl + Enter 快速鍵。

02 插入點以後的內容會移到下一頁，變成位在第 7 頁。

插入超連結

如果這份文件可以在線上發佈、瀏覽，那麼我們可以在內文中產生連結的資訊，讓讀者瀏覽時可以開啟關聯網站獲得更多訊息。本份長文件是書籍「跟我學 Windows 11」的部份章節，若想知道更多有關本書的資訊，可以在文件最後加上連結資訊。

01 按 Ctrl + End 快速鍵，將插入點移至文件最後，按 Enter 鍵新增段落後，鍵入如圖中的文字並加以格式化。

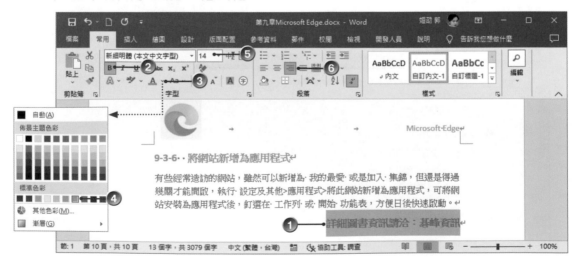

02 選取文字內容，執行 插入 > 連結 > 連結 指令。

03 開啟 插入超連結 對話方塊，連結至 採預設值，在 網址 欄鍵入要開啟的網站位址，按【確定】鈕。

04 當滑鼠移至超連結文字上時會出現提示，依提示按住 Ctrl 鍵再點選，即可開啟瀏覽器連線到連結的網站。

小叮嚀

● 可將文件依照前面單元匯出為 PDF，再將文件上傳到雲端，當瀏覽到文件中的超連結文字時也會出現提示。

接下頁 ➡

● 文字內容設定超連結後，文字的格式會自動套用預設的超連結樣式，也就是藍色加底線的格式。

產生目錄

「目錄」無論是在書籍、論文或報告中，都是非常重要的部份。若要在 Word 中快速編排目錄，可以先在文件中「標題」段落套用「樣式」，這個樣式可以是 Word 內建的「標題」樣式，或是你自己定義的。前面步驟中我們已經將標題段落套用了自訂的樣式，接下來可以產生目錄了。

01 目錄通常是位於文件內文的起始處，請將插入點移到第 2 頁開始處，執行 插入 > 頁面 > 空白頁 指令，產生一頁空白頁。

02 將插入點移到空白頁的段落，鍵入「目錄」，按 Enter 鍵，再將「目錄」格式化。

按鍵 Enter 產生空白段落

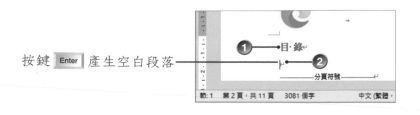

03 將插入點移到空白段落上，執行 參考資料 > 目錄 > 目錄 > 自訂目錄 指令。

標題段落若是套用內建的樣式，就可選擇內建的項目快速產生目錄

04 開啟 目錄 對話方塊，按下【選項】鈕。

05 在 可用樣式 的清單中，要使用的自訂樣式右側的欄位中輸入 目錄階層。

代表套用這二種樣式的段落
會編入目錄中；1 代表第一
個階層，2 代表第二個階層

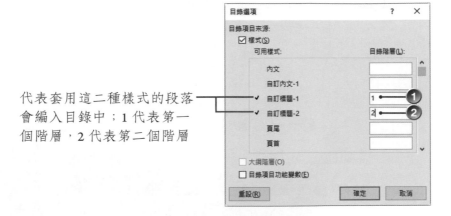

06 再往下捲動捲軸，將預設的 可用樣式（標題 1~3）欄位中的數字選取後刪
除。再按【確定】鈕。

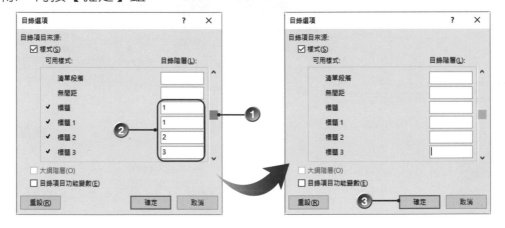

07 插入點處產生目錄，可再加以格式化。

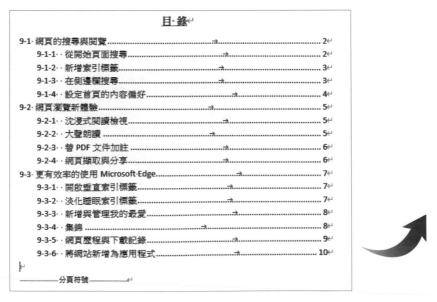

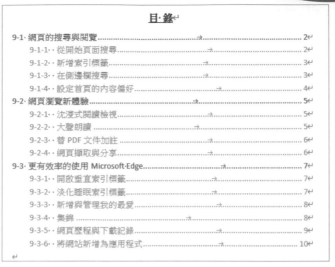

目 錄

9-1 網頁的搜尋與閱覽................................2
　9-1-1 從開始頁面搜尋................................2
　9-1-2 新增索引標籤................................3
　9-1-3 在側邊欄搜尋................................3
　9-1-4 設定首頁的內容偏好................................4
9-2 網頁瀏覽新體驗................................5
　9-2-1 沈浸式閱讀檢視................................5
　9-2-2 大聲朗讀................................5
　9-2-3 替 PDF 文件加註................................6
　9-2-4 網頁擷取與分享................................6
9-3 更有效率的使用 Microsoft Edge................................7
　9-3-1 開啟垂直索引標籤................................7
　9-3-2 淡化睡眠索引標籤................................7
　9-3-3 新增與管理我的最愛................................8
　9-3-4 集錦................................8
　9-3-5 網頁歷程與下載記錄................................9
　9-3-6 將網站新增為應用程式................................10

格式化後的目錄

小叮嚀

● 要刪除目錄，請執行 參考資料 > 目錄 > 移除目錄指令（參考步驟 3 的圖）。

● 產生目錄後，如果內文又有變動，使得目錄頁碼或內容異動時，請執行 參考資料 > 目錄 > 更新目錄指令（或按 **F9** 鍵）予以更新。

目錄內容有異動請選此項

儲存至雲端空間 OneDrive

　　Office 的「雲端服務」，可以透過免費的線上軟體（Office Web Application），進行檔案的瀏覽、傳送、分享和做一些簡單的編輯。只要您有微軟帳號，即可將文件上傳到微軟的線上儲存服務 OneDrive，目前可享用 5GB 的免費儲存空間。

01 開啟要上傳的文件，執行 檔案 > 另存新檔 指令，選擇 OneDrive，按【登入】鈕。

02 出現 登入 畫面，輸入微軟帳號使用的電子郵件、電話或 Skype 帳戶，按【下一步】鈕。

點選可建立微軟帳戶

03 輸入密碼，按【登入】鈕。

04 於 另存新檔 畫面中再次點選 OneDrive - 個人，在右側快按二下要存放的資料夾名稱。

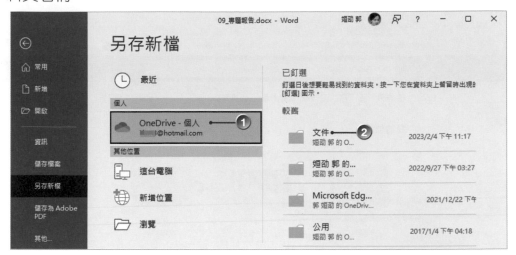

05 出現 另存新檔 對話方塊，視需要變更檔案名稱，按【儲存】鈕。

伺服器上的
資料夾位置

06 狀態列上顯示正在上傳的訊息。

07 上傳完畢就可以開啟瀏覽器，以自己的帳號登入 OneDrive 頁面，找到上傳的文件。

選擇開啟文件的方式

小叮嚀

如果您所在的電腦中有安裝 Word，就可以執行 在 Word 中開啟 指令，將文件下載後開啟。若所在電腦中未安裝 Word，可以選擇 在瀏覽器中開啟 指令，開啟網路版本的 Word，進行編輯作業。

可以進行簡單的編輯

在 Word Online 中開啟文件

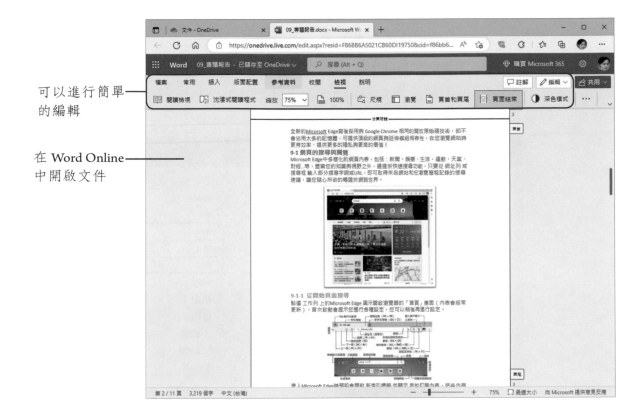

實作題

開啟範例「09_打造個人專屬的操作環境.docx」，文件中已包含圖片及格式化的文字段落，參考本單元作法，依以下提示完成長文件製作並另存新檔。

提示 1：新增包含內文、二種標題的段落樣式，並套用到全文件。

提示 2：插入任一封面頁。

提示 3：在頁尾插入一種頁碼格式，頁首右側插入日期並格式化。

提示 4：根據自訂樣式產生兩階層的目錄。

文書處理 Word 2019 一切搞定

作　　者：碁峰資訊
企劃編輯：石辰蓁
文字編輯：詹祐甯
設計裝幀：張寶莉
發 行 人：廖文良

發 行 所：碁峰資訊股份有限公司
地　　址：台北市南港區三重路 66 號 7 樓之 6
電　　話：(02)2788-2408
傳　　真：(02)8192-4433
網　　站：www.gotop.com.tw
書　　號：AEI008200
版　　次：2023 年 05 月初版
　　　　　2024 年 06 月初版二刷
建議售價：NT$300

國家圖書館出版品預行編目資料

文書處理 Word 2019 一切搞定 / 碁峰資訊著. -- 初版. -- 臺北市：
　碁峰資訊, 2023.05
　　面；　公分
　　ISBN 978-626-324-499-3(平裝)
　　1.CST：WORD 2019(電腦程式)

312.49W53　　　　　　　　　　　　　　112005567